新型农民现代农业技术与技能培训丛书

桑园园艺工培训教材

编著者
赵卫国　吴福安
方荣俊　陈明胜

金盾出版社

内 容 提 要

本书是“新型农民现代农业技术与技能培训丛书”的一个分册，由中国农业科学院蚕业研究所的相关专家编著。内容包括：桑园园艺工岗位职责和素质要求，桑园园艺工需具备的基础知识，桑树苗木繁殖技术，桑园规划与桑树栽植，桑树树形的养成与桑叶收获，桑园施肥，桑园管理，优良桑树新品种及栽培要点和桑树病虫害防治。本教材适用于县(市)、乡(镇)和农业企业相关工种的岗位培训，亦可供广大青年农民及农业院校相关专业师生阅读参考。

图书在版编目(CIP)数据

桑园园艺工培训教材/赵卫国等编著．—北京：金盾出版社，2008．3
(新型农民现代农业技术与技能培训丛书)
ISBN 978-7-5082-4959-9

Ⅰ. 桑… Ⅱ. 赵… Ⅲ. 桑树-栽培-技术培训-教材 Ⅳ. S888．4

中国版本图书馆 CIP 数据核字(2008)第 002184 号

金盾出版社出版、总发行
北京太平路 5 号(地铁万寿路站往南)
邮政编码：100036 电话：68214039 83219215
传真：68276683 网址：www.jdcbs.cn
封面印刷：北京百花彩印有限公司
正文印刷：北京兴华印刷厂
装订：双峰装订厂
各地新华书店经销
开本：850×1168 1/32 印张：5.5 字数：134 千字
2008 年 3 月第 1 版第 1 次印刷
印数：1—10000 册 定价：9.00 元

序　言

中共中央国务院[2007]1号文件明确指出，加强“三农”工作，积极发展现代农业，扎实推进社会主义新农村建设，是全面落实科学发展观、构建社会主义和谐社会的必然要求，是加快社会主义现代化建设的重大任务。

我国农业人口众多，发展现代农业、建设社会主义新农村，是一项伟大而艰巨的综合工程，不仅需要深化农村综合改革、加快建立投入保障机制、加强农业基础建设、加大科技支撑力度、健全现代农业产业体系和农村市场体系，而且必须注重培养新型农民，造就建设现代农业的人才队伍。

胡锦涛总书记在党的十七大报告中进一步指出，要培育有文化、懂技术、会经营的新型农民，发挥亿万农民建设新农村的主体作用。

新型农民是一支数以亿计的现代农业劳动大军，这支队伍的建立和壮大，只靠学校培养是远远不够的，主要应通过对广大青壮年农民进行现代农业技术与技能的培训来实现。金盾出版社在对农业岗位培训进行广泛调研的基础上，与中国农业大学老科技工作者协会、华中农业大学老教授协会等单位共同策划，约请数百名农业专家、学者参加，组织编写了“新型农民现代农业技术与技能培训丛书”(以下简称“丛书”)。“丛书”坚持从现阶段我国青壮年农民的文化技术水平出发，突出现代农业技术与技能的传授，注重其先进性和实用性；“丛书”以教材形式编写，共有88个分册，涉及81个农业岗位，除水稻农艺工、蔬菜园艺工、蔬菜植保员、果树植保员分南方本和北方本外，其他均为一个岗位一本培训教材，以方便县(市)、乡(镇)、村组织新型农民培训和农业企业进行岗位培训时选用。“丛书”的组编和出版，还得到了河北农业大学、沈阳农业大学、西北农林科技大学、甘肃农业大学、北京农学院、山东畜牧兽医职业技术学院、大连民族学院、中国农业科学院茶叶研究所、中国农业科学院油料研究所、中国农业科学院郑州果树研究所、中国农业科学院特产研究所、中国农业科学院桑蚕研究所、中国养蜂学会、内蒙古自治区农牧科学院、甘肃省蔬菜研究所、山东省果树研究所、广西壮族自治区柑桔研究所、山西省畜牧兽医研究所等单位部分专家、教授的支持和参与，并列入劳动和社会保障部《全国职业培训与技能鉴定用书目录》，进行推荐，使我们深感欣慰，在此表示衷心感谢。我们希望和相信，通过“丛书”的出版发行，能为新型农民队伍的发展壮大贡献一份力量，也能为现代农业技术与技能培训积累一些可供借鉴的经验。

“丛书”编写时间有限，各分册存在不足或错漏在所难免，恳请同仁和各使用单位批评指正。

编 委 会

2008 年 1 月

前　言

我国是蚕桑产业的发祥地，栽桑、养蚕、制丝、织绸已有5 000多年的历史。蚕丝的推广与应用，对丰富人类物质文明和精神文明作出了贡献。新中国成立以来，我国的蚕桑丝绸产业得到了前所未有的发展，现已成为世界蚕丝生产中心，蚕茧产量、生丝产量、生丝出口量和丝绸出口量分别占世界总量80%、75%、80%和45%左右，年创汇30多亿美元，在国际茧丝绸生产和贸易中占有重要地位。

蚕丝业又是我国农民脱贫致富奔小康的重要传统产业。目前，我国蚕桑生产已遍及28个省、市、自治区的1 300多个县，桑园面积达到了100万公顷，约有1 000万户蚕农从事蚕丝业，蚕农年收入达100多亿元，蚕丝业是广大农村脱贫致富的支柱产业，为农村经济发展、增加农民收入，特别是为老、少、边、穷地区脱贫致富作出了特殊贡献，是农村产业结构调整的重点发展产业。因此，养蚕业在农民脱贫致富、新农村经济建设、发展创汇农业等方面具有重要意义。

桑树属桑科桑属，是我国重要的经济树种之一。其中桑叶是家蚕惟一的饲料，是生产茧丝绸的物质基础。只有不断提高我国桑树产量和质量，生产优质的蚕茧、生丝和丝织产品，才能使我国蚕丝业在竞争激烈的国际市场上长期保持垄断优势。而桑叶产量的增加和质量的提高都必须依靠桑树学科的发展。其中栽培技术是一门紧密结合生产的实用科学，对推动蚕桑生产发展起着至关重要的作用。现在桑树学科在继承传统科学技术的基础上，结合现代科学技术，得到了极大发展，为我国农民脱贫致富、提高生活水平作出了重大贡献，同时也产生了极大的社会经济效益和生态效益。据有关资料统计，现在桑树全国平均单位面积产叶量已达

800千克/667平方米以上，比1984年的430千克增产幅度达90%以上，这主要得益于我国桑树学科的发展与科技进步。

《桑园园艺工培训教材》一书主要根据蚕业生产发展新要求，从农村实际出发，本着优质、高产、高效、低耗发展蚕桑生产的原则，主要阐述了桑树基本知识和桑园高产优质栽培技术，并反映农村桑园生产现状和科学研究的新成果和新技术。本书内容主要包括桑树生物学特性、桑苗繁育、桑园建立、树形养成和桑叶收获、桑园施肥、桑园管理、桑树新品种简介以及桑树病虫害的种类及防治等。编写时力求科学合理、先进实用、简明易懂，使之成为符合现代农业新型农民培训的科普教材。希望通过培训，使人们能掌握桑树基础知识以及栽培管理措施等基本技能，使之具有分析和解决生产实际问题的能力，能独立进行蚕桑生产，达到现代农业新型农民所具有的现代农业意识和技能，为构建以"高产、优质、高效"为特征的中国现代蚕业技术起到模范示范作用，为建设社会主义新农村作出自己应有贡献。

此外，在编写过程中，我们参考和引用了《中国桑树栽培学》、《中国蚕丝大全》、《实用栽桑养蚕技术》、《种桑养蚕实用技术》、《简明养蚕手册》、《普通昆虫学》、《农业昆虫学》、《昆虫分类学》以及《蚕业科学》、《中国蚕业》、《四川蚕业》、《北方蚕业》等许多著作和刊物中的资料，在此特表谢意。

本书第一至第八章由赵卫国和方荣俊参与编写，第九章桑树虫害由吴福安编写，桑树病害部分由陈明胜编写，全书由赵卫国进行编排统稿。限于作者水平，书中不足之处，敬请读者批评指正。

编著者

2007年10月

目　录

第一章　桑园园艺工岗位职责和素质要求

一、桑园园艺工岗位职责

第一，熟悉桑园园艺工本职工作，有良好的工作态度和职业道德。

第二，熟练掌握本工种的业务知识和操作技能，有较强的工作责任心，自觉遵守、执行操作规程和工作规范，安全生产，能圆满完成本职工作。

第三，达到本岗位“应知应会”的要求，在本职岗位上能发挥技术特长，起到技术模范作用，高质量地完成本工种任务；热心传授技艺，能指导和帮助其他人员提高业务能力。

二、桑园园艺工素质要求

（一）思想素质

第一，政治思想过硬，具有爱岗敬业精神。爱岗敬业、乐于奉献，是我国在社会主义现代化建设时期对公民的基本要求，它体现了一个人的政治素质。一名优秀的桑园园艺工应具有热爱科学、献身科学的事业心，吃苦耐劳、爱岗敬业的进取心。

第二，具有现代农民对农业生产经营“量、本、利”的分析能力，合理规划蚕桑生产的成本与收益，降低成本，充分克服农业周期长的现状，提高资金在蚕桑生产中的运作效率。节约成本、节约土地，走“优质、高产、高效”的现代农业之路。

第三，了解国内及当地的蚕业发展动态，合理规划种植面积，及时调整产业结构。

第四，有全局观念，从实际出发，勇于改革创新，大胆探索。打破传统观念，锐意进取。

第五，科学化、机械化、社会化是现代农业的基本特征，作为桑园园艺工，应该对先进科技和先进经营方式有所了解和运用，具有一定的产业化发展理念，敢于打破“小而散”的格局，转变经营思路，采取多种经营模式，走具有“公司加农户”、“合作社”、“规模化”、“集约化经营”、“承包经营”等特点的现代农业发展之路。

第六，掌握相关的政策与法规。

第七，具有创新精神和接受再教育等能力。

(二)技术素质与要求

第一，对养蚕的过程要有初步了解。

第二，具备一定的植物生理基础知识，掌握桑树生长的基本规律、生长过程(如发芽期、收获期等)。

第三，熟练掌握桑田工作的全年流程。

春季：春整，除草，排水，施春肥，埋绿肥，解束，春剪梢，桑园补缺，“白条药”防治，摘心，叶面消毒，桑叶采摘等。

夏季：夏伐，疏芽，“白拳药”的防治及其他病虫害防治。施(夏)肥，草害的人工及化学防治，抗旱及排涝。

秋季：秋季桑叶的采摘与收获，各类病虫害防治，束枝，种绿肥，抗旱及杂草人工防除。

冬季：清园，“关门虫”防治，施冬肥，冬耕，修树，冬剪梢，树体涂白。

第四，对桑树品种有一定了解(栽培管理的选择、种植区域选择)，做到品种间搭配栽植。

第五，掌握桑树病害(细菌病、真菌病和其他病害)及虫害(野蚕、桑螟、尺蠖、桑毛虫、桑瘿蚊、桑蟥、桑白蚧、桑天牛等）防治方法。

第六，掌握一定的桑树苗木繁育和桑树栽培技术。

第七，掌握各类农药及化学除草剂的选择与使用。

第八，掌握全年桑树肥培管理方法、提高单产。掌握桑叶估产的方法，做到叶、蚕平衡。

第九，掌握若干相关农业机械的使用方法。

第十，掌握当地气候特点，及时防止或降低灾害气候对桑田造成损失（霜冻、温度等，旱涝、台风等）。

第十一，了解桑产业综合利用的一般知识（产物综合利用、桑田间作套种等）。

第二章　桑园园艺工需具备的基础知识

桑树是多年生木本植物，是由根、茎、叶、花、椹和种子等器官构成统一的有机体。各器官具有不同的形态特征及生理功能。了解桑树各器官的形态特征以及它们与环境条件的关系，才能在桑树栽培过程中，采取合理的技术措施，改善桑树的生长条件，促进桑树良好生长，从而获得优质高产的桑叶。因此，作为一名合格的桑园园艺工必须掌握有关桑树生物学特性方面的知识。

一、桑树的器官和功能

(一)根

根是桑树的地下部分，吸收土壤中的养分和水分以供地上部分生长发育，同时还有贮存养分、合成有机物质和固定支持桑树的作用。桑树的根系分直根系和不定根系。直根系由主根、侧根(一级侧根、二级侧根、三级侧根……)、须根组成；不定根系没有主根，其根系由根原基产生的不定根及不定根上的须根组成。实生桑树苗的根由种子的胚根发育而成，有明显的主根，主根上着生侧根，主根和侧根上着生细小的须根(图 1)。无论是直根系桑

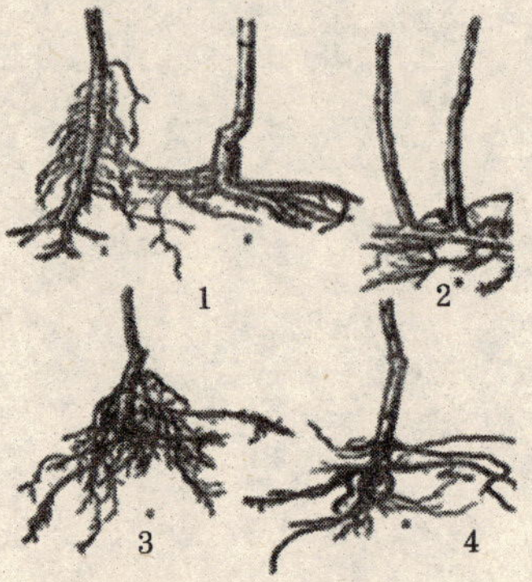

图 1　桑苗的根

1. 实生苗根　2. 嫁接苗根

3. 实生桑扦插苗根　4. 湖桑扦插苗根

树，还是不定根系桑树，均有大量须根存在，须根的功能是从土壤中吸收水分、溶解于水中的矿质盐和氮素。每条根的顶端在根毛生长区及其以下的一段为根尖，根尖从顶端起，可依次分为根冠、分生区、伸长区和根毛区，各区的生理功能不同，其细胞的形态结构都有相应不同的特点（图2）。

生长点位于分生区，是分裂产生新细胞的主要地方，生长点细胞小，排列紧凑，细胞间隙不明显，细胞壁薄，细胞核很大，细胞质浓，液泡很小，在这里能观察到细胞分裂的各个时期。

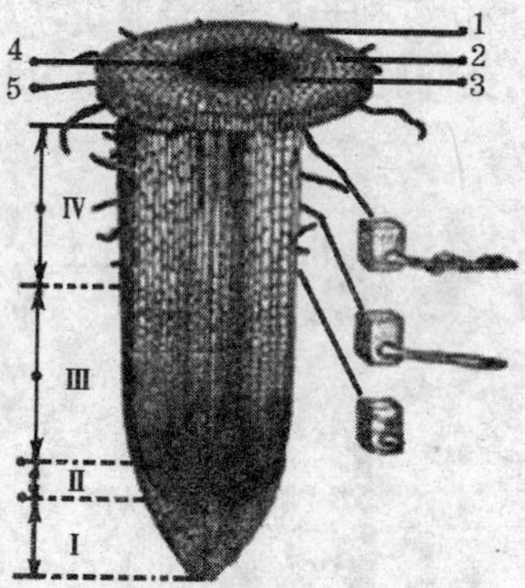

图2　桑根的构造

Ⅰ. 根冠　Ⅱ. 分生区

Ⅲ. 生长区　Ⅳ. 根毛区

1. 表皮　2. 皮层　3. 中柱

4. 初生韧皮部　5. 初生木质部

根毛是从土壤中吸收水分和养分的主要器官。根毛数量较多，密接土壤并能分泌酸类物质，土壤中的矿物质，以利于根系的吸收。根毛生活的时间短，只有几天至十几天，随着根系的纵伸发展，根毛不断死亡并不断更生。

实生苗的地上部与地下部青黄交界处称根颈（或称青颈部），根颈是由种胚的下胚轴发育而成的；无性繁殖的桑苗没有真根颈，在相应部位有假根颈。插条桑苗的根由根源体或愈伤组织产生，无主根。

桑树虽然是深根植物，但桑树根系在土壤中的分布因树龄、树形、土壤类型和人为耕的影响而不同。土层深厚、疏松、肥沃，根系的扩展面就大，侧根、须根分布较深；反之，土层瘠薄、黏重、透气性差，则根系发育不良、分布浅。在栽培过程中应培养强大根系，使根向深处和四周伸展，扩大对水分和养分的吸收面积，促进地上部枝叶的生长。

(二) 茎

桑树的树干和枝条都称为茎,树干和枝条运输贮藏水分和养分,并支撑枝叶。枝条是指桑树在伐条(春伐或夏伐)后,由休眠芽或潜伏芽抽长的梢,是着生芽和叶的器官。新梢上着生桑叶和桑芽,桑叶脱落后留下的疤痕为叶痕,叶痕中的点状突起为叶迹。

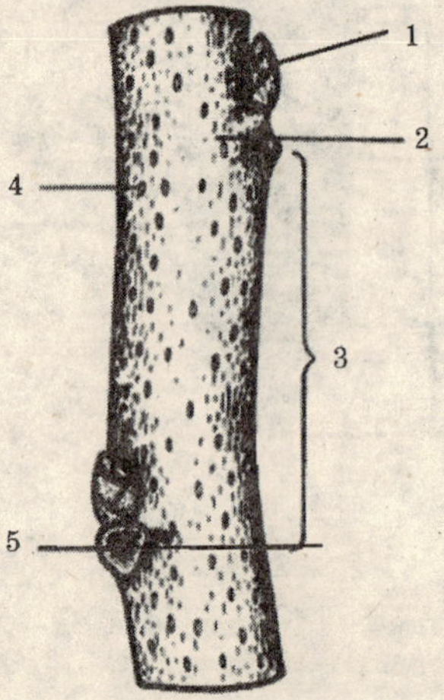

图 3 桑树枝条的形态

1. 芽 2. 节 3. 节间 4. 皮孔 5. 叶痕

新梢开始呈绿色,随着新梢的成长,表皮内木栓形成层向外分裂产生木栓层,木栓层内含色素,从而使 1 年生枝条由绿色转变为固有颜色。枝条的皮色是鉴别桑树品种、桑种的依据之一。枝条外表有皮孔,这是枝条与外界气体交换的通道。皮孔呈大小不等的圆形、椭圆形或菱形,有的也呈线状。枝条着生叶片的部位称节,节距是指一年生枝条其中部节间的长度,节距因品种而异(图 3)。

枝条的长短、节间的疏密,直接影响桑叶的产量和质量。桑叶产量取决于桑叶总条数、总有效条长和有效枝条的叶片数及单叶片的质量。所以,要重视选用优良的桑树品种,适当密植,加强肥水管理,合理采伐,以增加条数、促进枝条生长,形成良好的群体结构,以获取高产优质的桑叶。另外,为了适应现代高效省力化条桑养蚕新技术,需选择产叶量高、枝条直、粗细中等、节间较密、发芽势强、耐剪伐、适合条桑收获的桑树新品种。

(三)芽

芽是形成桑树的枝条、叶、花的器官。根据桑芽在枝条上的位置,可分为顶芽和腋芽。顶芽是枝条顶端的生长点,在顶芽以下的桑芽称为腋芽。

当顶芽停止生长或枯死脱落后,腋芽才生长。腋芽着生在叶腋间。有些地区根据养分的分配常通过剪梢、摘心或疏去桑枝条上的部分叶并用摘去顶芽的方法促进腋芽萌发,以长出更多的侧枝和桑叶,可用这类侧枝桑进行枝桑养蚕。秋冬落叶后腋芽成熟为冬芽,翌年春季气温回升后开始萌发生长。冬芽的形态特征是识别品种的依据之一。枝条基部有些冬芽不萌发,这种芽称为休眠芽;有些休眠芽随着树干枝条的加粗,逐步隐没在树皮内,成为潜伏芽,它一般不萌发,但伐条和截干均能促使其萌发(图 4)。

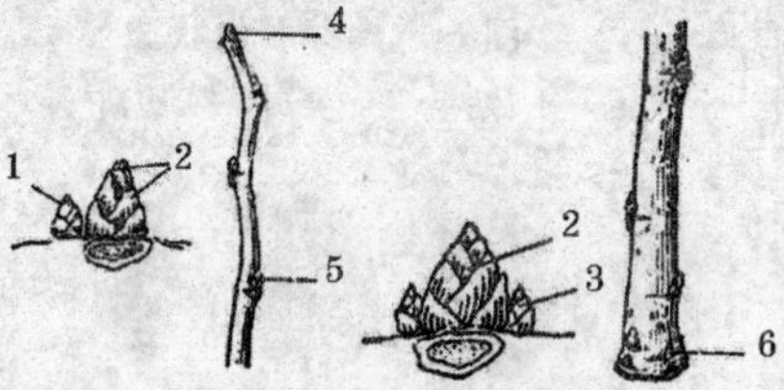

图 4　桑芽种类

1. 副芽　2. 主芽　3. 鳞片腋芽

4. 顶芽　5. 侧芽　6. 潜伏芽

桑芽在气温 12℃(或地温 10℃)以上、水分充足时便萌发生长,冬芽萌发后呈现花序的称花芽,只长叶不开花的称叶芽,花、叶混生的称混合芽,有的芽。到一定程度后就停止生长,叫止心芽,继续生长的称为生长芽。桑树大量开花将消耗大量养分,影响桑叶产量,生产上应加以控制。因此,了解桑芽的形态、种类与特性,对桑树剪伐、繁殖、复壮以及品种识别等都具有重要意义。

桑树的品种不同,桑芽的色泽、大小、形态和着生状态、副芽等也有不同(图 5,图 6)。枝条上桑芽的数量是产叶量的基础,因此保护桑芽不受损伤是增产的重要措施。

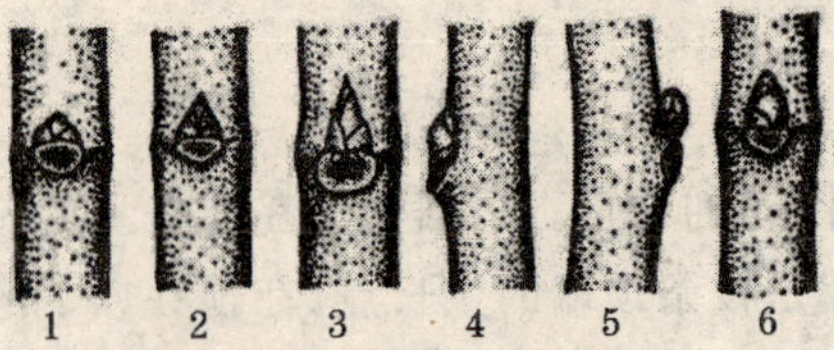

图5　桑树冬芽形状模式

1. 短三角形　2. 正三角形　3. 长三角形　4. 盾形　5. 球形　6. 卵圆形

（四）叶

桑叶起源于芽内叶原基，发育成熟的桑叶分为叶片、叶柄和托叶3部分，属完全叶（图7）。叶片又可分为叶尖、叶基和叶缘等部分。桑叶的形状因品种而异，没有缺刻的称为全叶，有缺刻的称为裂叶。

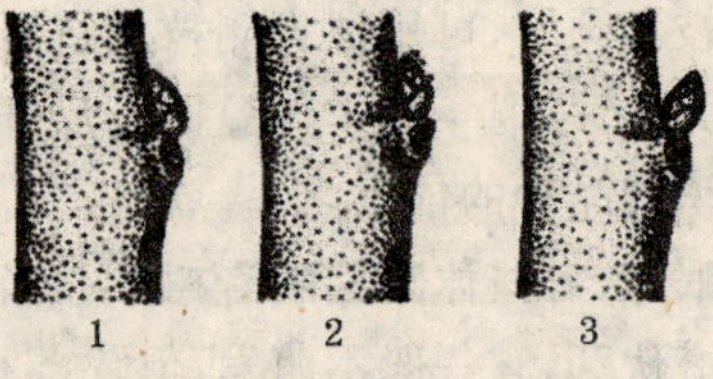

图6　桑芽着生状态

1. 贴生　2. 尖离　3. 腹离

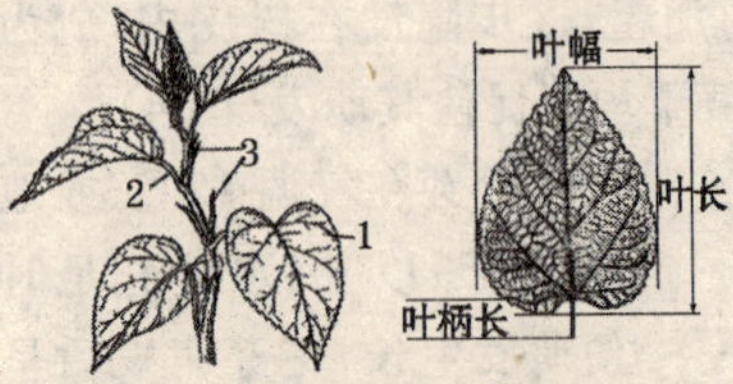

图7　叶长、叶幅和叶柄长示意

1. 叶片　2. 叶柄　3. 托叶

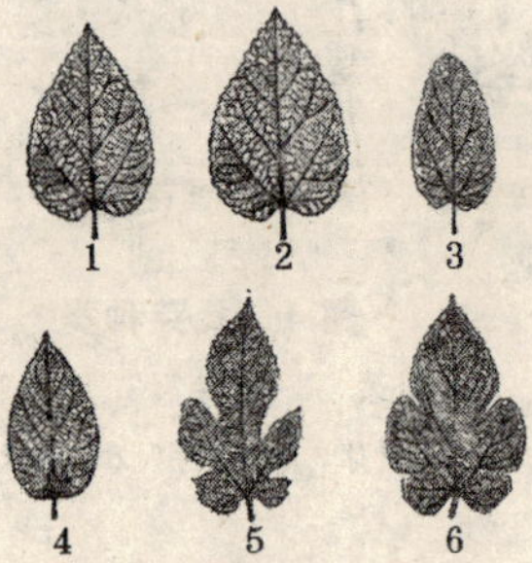

图8　桑树叶形模式

1. 心脏形　2. 长心脏形　3. 椭圆形　4. 卵圆形　5. 深裂叶　6. 浅裂叶

叶片各部位的形态因品种而异，一般叶形分心脏形、长心脏形、椭圆形、卵圆形等（图8），叶尖分短尾状、锐头、钝头等（图9），叶基分浅心形、心形、深心形、圆形等（图10），叶缘分锐齿、钝齿、乳头齿（图11）。叶片在1年生枝条中部的排列方式称为叶序，桑叶为互生叶序，有二列叶序

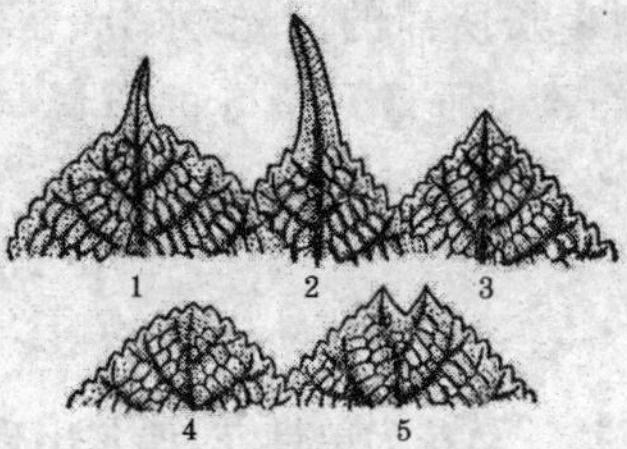

图 9　桑树叶尖模式

1. 短尾状　2. 长尾状　3. 锐头

4. 钝头　5. 双头

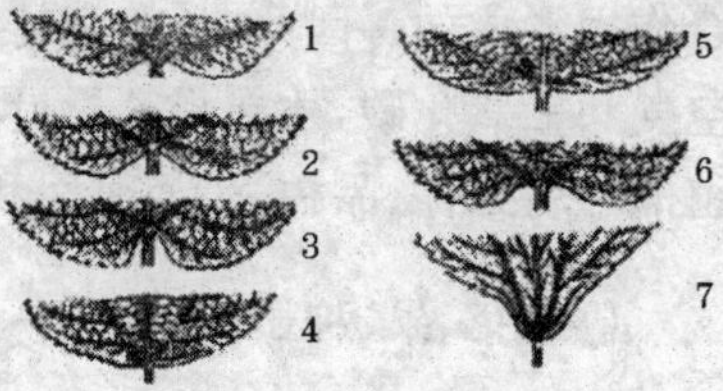

图 10　桑树叶基模式

1. 浅心形　2. 心形

3. 深心形　4. 圆形

5. 截形　6. 肾形　7. 楔形

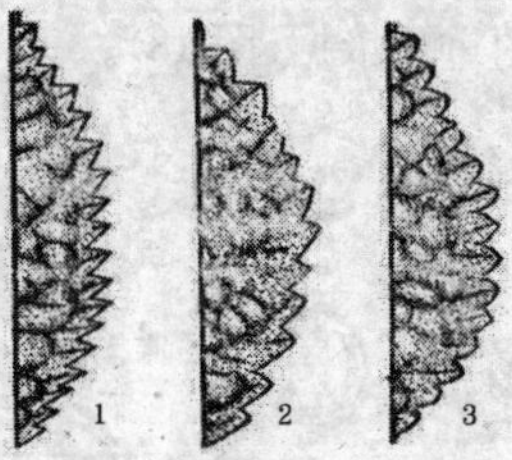

图 11　桑树叶缘模式

1. 锐齿　2. 钝齿　3. 乳头齿

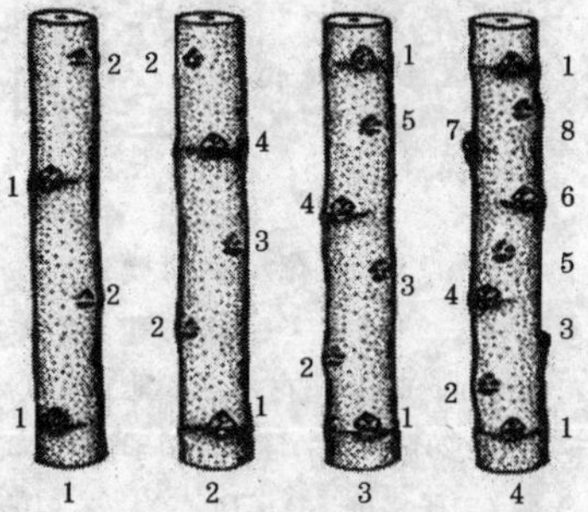

图 12　桑叶叶片在枝条中部的排列方式

1. 1/2　2. 1/3　3. 2/5　4. 3/8

(1/2)、三列叶序(1/3)等(图12)。叶色的深浅,叶片的大小与厚薄,叶片表面糙滑、皱缩、光泽情况,叶片着生状态,叶柄有无及长短等桑叶特征,也是鉴别桑树品种的主要依据。

叶片的大小与厚薄,是影响产量的重要性状之一,不同品种间存在着差异。在蚕桑生产上,叶型大而厚的产叶量高,采叶省工,水分蒸腾慢,不易凋萎,但在采叶和贮存中应注意防干。

桑叶是桑树进行光合作用、蒸腾作用和呼吸作用的重要器官,又是蚕的惟一饲料。收获桑叶养蚕是种桑的目的,优质桑叶是养好蚕的营养基础。桑叶内 90%～95%的营养物质是由桑叶进行光合作用形成的。因此,只有满足桑树生长所需的阳光、水分、营养、空气和二氧化碳,才能提高桑叶的产量和质量。桑叶的质量与栽植的环境条件、品种、采摘时间和采伐形式有密切的关系。

(五)花、果、种子

桑花源于开花前一年芽内花器原基。桑花为单性花,偶尔出现双性花,簇生于花轴的周围,称为葇荑花序。雄花由 4 个萼片、4 个雄蕊组成;雌花由 1 个雌蕊和 4 枚花被组成,雌蕊由子房和柱头组成。有些桑种无花柱,花柱的有无、长短是鉴别桑种的重要形态指标,柱头上密生茸毛或乳状突起,这也是桑树分类的重要依据(图 13)。

雌花受精后,柱头枯萎,子房壁和花被逐渐肥大、发育成为多肉的果实,即桑椹,见图 13-8。桑椹在植物学上称为聚花果,由多个小浆果着生在一根轴上,雌花受精后柱头渐渐枯萎,花萼和子房发育膨大,形成肉质浆果,其中肉质萼片是桑椹的主要食用组织。桑椹初为绿色,逐渐成熟变为红色、紫黑色、玉白色等。

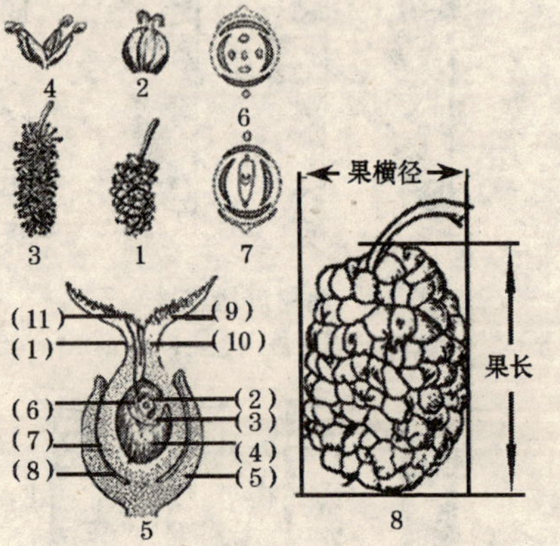

图 13　桑花及桑椹模式

1. 雌花穗　2. 雌花　3. 雄花穗　4. 雄花　雌花纵切面　6. 雄花花式　7. 雌花花式 8. 桑椹
(1)花粉管 (2)胚囊 (3)胚珠 (4)子房室 (5)花被 (6)珠被 (7)子房壁 (8)子房 (9)柱头 (10)花柱 (11)雄花的花粉粒

春果成熟后便可采桑椹淘洗种子。桑种子扁平、卵形,呈黄褐色或淡黄色,是脂肪性种子。桑种子由种皮、胚及胚乳组成,胚是贮藏养分的组织,含有丰富的脂肪、淀粉和蛋白质。洗种后宜把种子放在阴凉处风干。桑种若较长时间受阳光暴晒，其脂肪会影响种子萌发。种子发芽的适宜温度为28℃～37℃，用桑种子繁殖桑苗是简易有效的方法。

二、桑树的生长发育与环境

（一）桑树的生长发育

桑树从栽植后到树形养成前属幼龄期，称为幼龄桑园或未成林桑园。一般从栽植到树形养成，高干桑需 5～6 年，中干桑需 3～4 年，低干桑需 2～3 年。树形养成后的桑树开始进入成林期，也称盛产期。盛产期的桑树枝叶繁茂，产叶量高，这种桑园称为成林桑园。一般高干桑的栽植距离宽，株间竞争小，单株扩展面大，盛产年限较长；低干桑的栽植距离较小，株间竞争较突出，单株扩展面小，盛产年限较短。在一般的栽培条件下，高干桑的盛产年限达 20 年以上；中干桑为 15～20 年；低干桑为 10～15 年。如能加强栽培管理、合理采伐、及时防治病虫害等，可延长盛产年限。经过盛产期以后，进入衰老期的桑树，生理功能逐渐衰退，生长势减弱，枝条细短。在生产上，常利用桑树株内更新特性，用降干法促进潜伏芽萌发，更新树势。另外，还可用加土法，将树干埋入土内，使入土树干发生新根，代替吸收功能日益衰退的老根，促进地上部生长。

桑树在生活过程中每年呈现相同的生长规律，即生长期和休眠期。了解桑树在一年中的生长规律，才能及时采取合理的栽培措施，充分发挥桑树的丰产特性。

1. 生长期　从春季桑树发芽至冬季落叶称为一个生长期。生长期的长短因地区而异。南方低纬度地区的生长期长，北方高纬度地区的生长期短。为了掌握桑树生长发育的规律，贯彻栽桑、养蚕的技术措施，将桑树的生长期又分为发芽期、旺盛生长期和缓

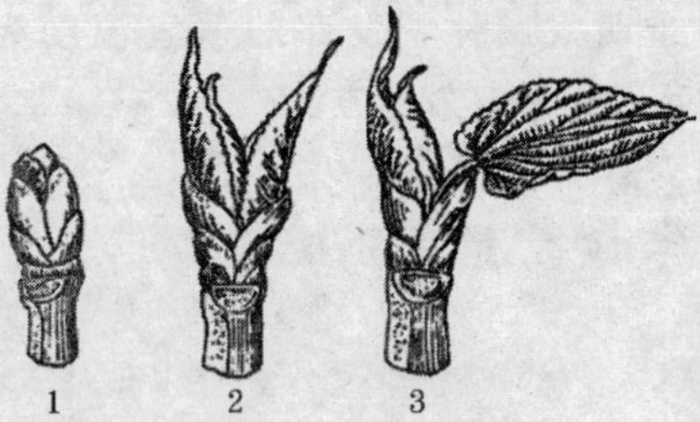

图 14　桑芽的生长过程

1. 脱苞期　2. 鹊口期　3. 开叶期

慢生长期。

（1）发芽期　自桑树萌芽起至开放第一叶止，是桑树的发芽期（图 14）。

①脱苞期：早春桑树树液流动后，桑芽逐渐膨大，当芽鳞分开、露出幼叶叶尖时，称脱苞期。

②鹊口期：又称燕口期。桑芽脱苞后，幼叶依次生长，当有 2～3 片幼叶的叶身大半露出、叶尖分开呈鹊口状时，称鹊口期。

③开叶期：幼叶继续生长，露出的叶柄向外侧伸展，当第一张叶片展开，成独立的一片叶子时，称开叶期。

（2）旺盛生长期　桑树新梢的生长，随气温的升高而加速，当气温上升至 20℃以上时，桑树进入旺盛生长期，叶色由淡绿色变为深绿色，光合作用显著增强。光合作用的产物除供给叶片本身生长需要外，还向根和枝条的顶端提供生长所需的营养物质。

（3）缓慢生长期　桑树通过夏、秋季的旺盛生长，随着气温的降低，逐渐由旺盛生长期进入缓慢生长期。缓慢生长期的桑树，其伸长生长和叶片的展开已明显缓慢，新梢平均每天长 0.5 厘米左右，叶片内的同化产物，除供给本身呼吸消耗外，还有很多积余。因此，缓慢生长期是桑树落叶休眠前贮藏养分的时期。桑树在树干、枝条和根部贮藏物质的多少，对其越冬休眠和翌年春季的发芽生长有很大的关系。随着气温继续下降，树体内含水量减少，枝条生长点也逐渐停止生长，不再增生新的枝叶。

2. 休眠期　当气温下降至 12℃以下时，桑树停止生长，即进入落叶休眠期。此时叶片继续衰老，细胞内的原生质和色素开始解体，除了钙盐之外，大部分氮、磷等营养元素，随着有机物的运输，进行重新分配，转入芽、枝条、树干和根内，只剩下纤维素骨架，最后在叶柄基部形成离层而脱落。叶片脱落后，在叶柄断口处的细胞进一步木质化，将断口封闭而形成叶痕。

桑树休眠期间，在根、茎、冬芽内贮藏了大量的淀粉、蛋白质和脂肪，组织内含水量逐步减少，细胞内原生质的黏度提高，芽内器官已经分化完毕，枝条表面也已经形成木栓化组织，有利于安全越冬。因此，秋季施肥、灌溉不宜过迟，采叶不可过度。另外，桑树休眠期呼吸作用和蒸腾作用明显减弱，在这个时期整枝修剪，树液流失少，对树体损伤轻，此时移栽桑苗，成活率高。

（二）桑树的生长发育与环境条件的关系

1. 光照　桑树属喜阳植物，需要充分的光照，才能正常生长。光照充足，能充分进行光合作用，把二氧化碳和水同化成有机物，叶色较深，叶肉厚，干物质积累多，则叶质优、产量高。用这种成熟优质的桑叶养蚕，蚕体健壮。反之，日照不足，叶色呈浅绿色或黄色，叶肉薄或叶片柔软不成熟，含水分多，营养物质较少，用这样的桑叶养蚕，会使蚕体虚弱，易发蚕病。

2. 温度　桑树需在一定的适温范围才能生长。地温在5℃以上时，桑根开始呼吸，吸收功能也随着增旺，当气温在12℃以上、水分充足时，冬芽萌发出枝叶，在25℃～35℃适温时枝叶随温度的增高而加速生长；超过40℃时，由于高温加速降低了桑根的吸收效率，使桑叶绿体遭到破坏，光合作用强度降低，但呼吸作用继续旺盛进行，养分消耗大于合成。故高温时，要增加土壤水分，使桑树根吸收足够的水分，通过叶面蒸腾，以保持桑树体温，从而减轻高温的危害。当气温低于12℃或遇干旱，桑树便进入缓慢生长期或停止生长，如冬季落叶进入休眠。温度低于5℃以下时，细胞原生质的黏性增大，降低了水分扩散速度，影响根的呼吸和吸收。

3. 水分　水是桑树生长不可少的，在桑树生命活动中起着极其重要的作用，全株桑树含水量约为60%，桑树所需的水分通过根系从土壤中吸取。水分不足，会妨碍桑根和新梢的生长，叶片凋萎下垂，严重缺水则叶片枯黄脱落。土壤水分过多，桑叶不易成熟，而含水量多，蛋白质和碳水化合物相对减少，叶质差，不利于蚕的养殖。一般要求桑园的土壤最大持水量为70%～80%，若土壤中积水，易使土壤缺氧，分解产生硫化氢、脂肪酸等有毒物质，就会影响桑根的呼吸，使桑根中毒受害坏死。为使桑树根生长好，生得深，桑地的地下水宜低于地面1.5米以下，这样才能使桑根不受地下水的影响，保持正常生长。

4. 空气 空气是桑树生理活动不可缺少的要素。桑树需吸入氧气，供生长需要。还需要吸入空气中的二氧化碳进行光合作用，制造营养物质。空气中的灰尘、水蒸气和其他物质对桑树生长有影响。当灰尘附积在桑叶表面过多时，影响光能的利用。一些工厂释放出来的有毒废气（如二氧化硫、氟化物）被吸入叶内组织，往往引起桑树叶绿素被破坏或叶组织脱水。若用这些桑叶养蚕，会引起蚕中毒，减少蚕茧的收获量。

5. 养分 桑树在生长发育中需要碳、氢、氧、氮、磷、钾、钙、硫、铁、镁、锌、锰、铜等多种营养元素，满足桑树对各种营养元素的需要，则可使其茂盛生长，但如果供应过量，也会促使桑树暴长、枝条徒长及桑叶成熟迟、水分含量多等。如果水分含量少，桑叶也会提早成熟，叶质硬化。

经过对桑树吸收各种营养元素的数量和比例进行的大量测试，桑树需氮最多，其次为钾、磷。氮（N）在全株中占干物质重的1.5%～2.5%，在桑叶中占2.5%～5%，桑芽含氮量最高占4%～6%；磷素（P_2O_5）在全株中的含量为0.4%～0.6%；桑树体内钾的含量比氮略低，但比磷高，一般全株含钾（K_2O）为0.5%～2.5%，叶的含钾量最高为1.5%～2.5%。桑树全株吸收三要素的比例约为6∶1∶3，叶片和枝条吸收三要素的比例分别约为10

：1：5，3：1：2。桑树除吸收营养三要素外，还包含其他营养元素，据原子吸收光谱分析测定，桑树吸收各种营养元素的数量依次为钙＞钾＞镁＞铁＞锌＞锰＞ 硼＞铜，桑树需要最多的金属元素是钙、钾，镁，微量元素需要最多的是铁、锌、锰。

（1）氮（N）　氮是桑叶蛋白质的主要组成成分，蛋白质又是细胞原生质的组成部分，是蚕丝的主要物质。氮素供应不足，影响叶绿素和蛋白质的形成，使光合作用强度降低，新梢生长缓慢，枝条细短，叶色淡、叶肉薄，硬化和落叶提前，产量降低，桑叶质下降。

（2）磷（P）　磷是细胞核和原生质的组成部分。磷肥供应充足，有利于提高桑树蛋白质含量，促进桑叶成熟，提高叶质，增强桑根的呼吸能力，促进桑根的生长，提高桑树的抗逆性。磷供应不足时，桑树酶的活性降低，碳水化合物、蛋白质的代谢受阻，分生组织的分生活动不正常，新梢和根生长受抑制，生长缓慢，开叶迟，叶片小，同时会使叶柄和叶脉失去绿色，只在叶脉周围留有绿色，叶肉呈黄褐色。但施磷过量亦会使桑叶成熟、硬化提前。桑园施用氮肥时，必须适当配施磷肥。

（3）钾（K）　钾对维持细胞原生质的胶体系统和细胞液的缓冲系统具有重要作用，对新陈代谢、碳水化合物及蛋白质的形成和转化有密切关系。钾肥能使桑树生长健壮，增强抗逆性。在增施氮肥的条件下，配合施用钾肥有提高桑叶产量和叶质作用。如施钾肥过多会促进桑叶提早成熟；缺钾时会使枝条软弱、直立性差，叶片萎缩，老叶由绿色转黄色变褐色，以致叶片枯死。

（4）钙（Ca）　钙在桑树体内起平衡生理活动作用，调节桑体内的酸碱度，中和蛋白质分解时所产生的草酸。适量施用钙肥，能使桑树正常吸收氨态氮，促进细胞原生质胶体凝聚并降低水合度，增大原生质黏性，有利于植株抗旱；同时向土壤中施入钙可提高桑叶中含钙量，蚕进食后能增加血液中的含钙量，增强蚕体健康，对提高茧层量和单蛾产卵量均有一定的作用。缺钙时枝条柔软、叶质差，严重时中上部叶反卷，叶基变黑坏死。

(5) 镁(Mg)　镁是叶绿素的主要成分，是酶的组成成分，对光合作用有直接的影响。桑树缺镁时桑枝条中、下部叶片的叶缘变黄，进而叶肉褪绿变成黄白色，但在主叶脉和侧叶脉附近仍残留绿色，严重时黄化的叶肉变成褐色。

(6) 硫(S)　主要存在于蛋白质、维生素和激素中，是植物结构组分元素。参与三羧酸循环，促进有氧呼吸，还可形成脂肪酸，参与脂肪代谢过程的辅酶 A、维生素 B_1(硫胺素焦磷酸)和生物素(维生素 H)中也含硫。在缺硫情况下，老叶中的硫不向幼叶转移，表现为幼叶发黄。缺硫植物生长受阻，其症状类似缺氮。植株矮小，分枝、分蘖减少，全株体色变淡，呈浅绿色或黄绿色。叶片失绿或黄化，褪绿均匀，幼叶较老叶明显，叶小而薄，向上卷曲、变硬、易碎，提前脱落且茎生长受阻，植株矮小、僵直，梢木栓化，生长期延迟。缺硫症状常表现在幼嫩部位，这是因为植物体内硫的移动性较小，不易被再利用。

(7) 铁(Fe)　与叶绿素的形成有关，是构成多种氧化酶的重要元素，对体内氧化还原过程具有调节作用。缺铁表现为新芽生长缓慢且呈萎缩状，新叶主脉和侧脉稍有绿色，全叶黄白，严重时向枝条下部扩展，至全株枯死。铁还参与细胞的呼吸作用，在细胞呼吸过程中，它是一些酶的成分。由此可见，铁对呼吸作用和代谢过程有重要作用。铁在植物体中的流动性很小，老叶中的铁不能向新生组织转移，不能被再度利用。因此缺铁时，下部叶片常能保持绿色，而嫩叶上呈现失绿症。一般认为植物内金属间(例如 Mo、Cu、Mn)的不平衡容易引起缺铁。土壤磷过多，土壤 pH 值高、石灰多、冷凉和重碳酸盐含量高，都可引起缺铁。

(8) 硼(B)　硼不是植物体内的结构成分，但它对植物的某些重要生理过程有着特殊的影响。硼能促进碳水化合物的正常运转，还能促进生长素的运转，是花粉粒萌发和花粉管生长所必需的，也是种子和细胞壁形成所必需的。缺硼时，叶内出现大量碳水化合物积累，影响新生组织的形成、生长和发育，并使叶片变厚、叶柄变粗、裂化，诱发粗皮病。

(9) 铜(Cu) 铜是植物体内多种氧化酶的组成成分，在氧化还原反应中铜起着重要作用。它还参与植物的呼吸作用，影响作物对铁的利用。铜与叶绿素形成有关，有提高叶绿素稳定性的能力，避免叶绿素过早遭受破坏，有利于叶片更好地进行光合作用。缺铜时，叶绿素减少，叶片出现失绿现象，幼叶的叶尖因缺绿而黄化并干枯，最后叶片卷缩、脱落。

(10) 锰(Mn) 锰是多种酶的成分和活化剂，能促进碳水化合物的代谢和氮的代谢，与植物生长发育和产量有密切关系。锰与绿色植物的光合作用(光合放氧)、呼吸作用以及硝酸还原作用都有密切的关系。缺锰时，植物光合作用明显受到抑制，首先出现在幼叶上，表现为叶脉间黄化，有时出现一系列的黑褐色斑点。在有机质含量高的土壤和锰含量较低的中性到碱性土壤中最常发生。

(11) 钼(Mo) 钼是硝酸还原酶的主要成分，与氮素代谢有关。钼还能增加光合作用的强度，消除酸性土壤中活性铝在植物体内累积而产生的毒害作用。缺钼时，表现为植株矮小，生长受抑制，叶片失绿、枯萎以致坏死。缺钼在酸性土壤的可能性最大，沙质土壤缺钼要比黏质土壤常见。随着土壤 pH 值的升高，钼的有效性增大。

(12) 锌(Zn) 锌是植物某些酶的组成元素，也是促进一些代谢反应必需的物质。锌对于叶绿素生成和形成碳水化合物是必不可少的。缺锌时生长不良，枝条细而长，叶片小而薄，叶片失绿，萌发侧枝，呈丛生状。

6. 土壤 土壤是桑树生长的基础，桑树生命活动所需的水分和各种营养元素基本上都从土壤中摄取。桑树是深根性植物，其生长与土层厚度、结构、酸碱度(pH)、养分、水分有着密切的关系。

桑树对土壤酸碱度的适应性强，一般 pH 4.5～9 范围的壤土、砂壤土、红壤土都能种植桑树，以中性土壤生长为好。在滨海盐碱地种植时要考虑土壤的含盐量和 pH 值。据资料记述，桑树耐盐极限为 0.364%，生长一年后桑苗的耐盐能力会增强。选地时可选择在表土 20 厘米深、含盐量 0.15%的土壤种桑为宜。

思考题

1. 桑树由哪些部分组成?
2. 描述根、茎、叶的形态与功能。
3. 桑树生长期和休眠期的主要特点有哪些?
4. 桑树的生长发育与哪些环境条件有关?
5. 桑树主要需哪些元素，缺乏的主要症状是什么?

第三章　桑树苗木繁殖技术

一、苗圃地的选择和整理

（一）苗圃地的选择

育桑苗地应选择阳光充足、通风良好、地势平坦、靠近水源、排灌方便，无桑紫纹羽病、桑根线虫病、桑青枯病和工厂废气、污水、煤烟危害，含盐量不超过 0.2%，土壤 pH 6.5～7 的肥沃壤土。不要连续使用同一块地做育苗地，2～3 年后应轮作 1～2 年其他作物，这样可以改良土壤结构，提高肥料利用率，减少杂草和病虫害危害，促进桑苗生长良好。

（二）苗圃地的整理

1. 深耕　深耕可以改良土壤，提高土壤肥力，为苗木生长发育创造良好的条件。一般深耕深度在 20～25 厘米，因土质而异，黏土宜深，沙土宜浅。

2. 施肥　桑苗生长过程中要从土壤中吸收大量养料，有基肥的肥效长，并含有各种营养元素，能使杂交桑苗长时期吸收到所需养料，促使桑苗旺盛生长。苗圃基肥以腐熟的厩肥、粪肥、鸡粪、菜籽饼等有机肥料为好。一般每 667 平方米施厩肥5 000千克和过磷酸钙 10 千克。在深耕前把肥料均匀地撒在地上，结合深耕翻入土中。

3. 做畦　整地做苗床要做到地平土细，掌握在土壤不干不湿、可耕性最好的时候进行。做畦前要浅耕耙地 2～3 次，打碎土块，耙匀基肥。育苗床的规格宜根据土壤性质、当地气候特点、苗圃管理水平而定。土质黏重、排水不良，在雨水多的季节宜起高畦；沙质壤土排水良好，畦可稍低些。苗床畦宽一般为100～130厘米，畦沟宽度33～40厘米，畦高15～20厘米，畦面平整或呈龟背形便于排水。畦面土层要充分打碎并轻轻压实以减少泥粒间隙，使种子均匀分布，苗木生长整齐。同时要做好周围的排灌沟，以方便排水和灌水。

二、有性繁殖

（一）桑籽的采制与贮藏

1. 采果　采摘桑椹宜从生长健壮、叶型大、叶肉厚、叶质优、无病虫害的桑树上采果留种。春桑椹呈紫色（白色桑椹的品种桑，由绿色变成玉色或饴红色都可摘果洗种），种胚成熟可采集收种。过早采摘，种子未充分成熟，发芽率低，亦有些能发芽，但会影响桑苗成活率。采摘过迟，桑椹容易脱落，采果少。为了提高种质，可分批采摘，若有白色不透明的肥大桑椹，则其带有菌核病，切不可采摘留种。

2. 堆果　把采摘回来的桑椹进行堆沤，促进不够成熟的种子成熟，又可使果肉腐烂，便于淘洗。堆果要注意防止堆积发热，影响种子发芽。堆果要选择阴凉清洁的地方，堆沤时间一般要短，注意防止因堆积过厚或时间过长而影响种子的生活力。亦有把采摘回来的成熟桑椹不经堆沤即捣烂洗种，洗出的桑种色泽好。用机械捣烂桑椹的，要经常检查桑种有否被损种皮，桑种质量是否受影响。

3. 洗种　先将桑椹充分捣烂，使种子与果肉分离，放于容器上的竹筛内，用手搓压冲水，使种子沉于容器后，经多次漂洗，漂去轻浮的果肉和不成熟的种子，留用饱满的鲜黄褐色的种子。

4. 晾种　洗出的桑种子，迅速摊于阶砖上吸湿，也有把桑种捞出水后放到竹筛上，分层放于竹架上晾干，每层盛放厚度以不超过0.7厘米为宜，并要经常翻动。

桑种子含油分高，一般要采用阴干，切忌放在阳光下长时间暴晒。春季空气湿度大，种子不易干燥，久放容易发霉，降低发芽率。有时因湿度大，湿种子可在7～9时或16～18时，在微弱阳光下短时间晾晒，使桑种表面的水分蒸发后即移至阴凉处至完全干燥。一般桑种子含水量以4%～6%为适度。如立即用于育苗的，可把刚淘洗出来的湿桑种拌上一些干细沙，在已准备好的育苗地播种育苗。

5. 种子保护与贮藏　桑种对环境条件比较灵敏感，刚洗出的新鲜种子发芽率高，一般在95%以上，在空气潮湿自然放置时间较长，发芽率会很快降低。因此，阴干后的种子不马上用的，贮藏期短的可用谷壳或切短烘干的短稻草等吸湿材料与种子混在一起，以草袋或麻袋装载，放置在通风、阴凉、干燥、无烟火的地方，每隔3～5天翻动1次，避免积热影响桑种子发芽率。若贮藏时间过长或温湿度异常，会大量消耗种子贮存的营养物质，降低桑种子的发芽率。可采用干燥贮藏法，将种子放在密封的容器中，底部放1/3的生石灰，其上再放数层草纸或竹条等隔离材料，然后用布袋装好种子放在隔离物上，种子贮藏容积占容器1/3，留1/3空隙，最后将密封容器放于阴凉干燥地方。遇返潮时要倒出再风干，以降低种子含水量，以免影响桑种的发芽率。有冷库的地方可把桑种装入布袋中，然后把种子放在0℃～5℃的库内保存，一年的发芽率保持在65%～85%，但要防止库内的水珠滴到种子上。

（二）种子鉴定

经过贮藏的种子在播种前都要进行种子鉴定，以确定单位面积播桑种量。实生种质量指标和杂交种质量指标见表1和表2。

其鉴定的项目和方法如下：

表 1　实生种质量指标

级　别	种子千粒重(g)	种子发芽率(%)	种子含水率(%)	种子净度(%)
合　格	≥1.40	≥80.0	≤12.0	≥95.0
不合格	<1.40	<80.0	>12.0	<95.0

表 2　杂交种质量指标

级　别	种子千粒重(g)	种子发芽率(%)	种子含水率(%)	品种纯度(%)	种子净度(%)
合　格	≥1.45	≥85.0	≤12.0	≥95.0	≥98.0
不合格	<1.45	<85.0	>12.0	<95.0	<98.0

注:合格种子要求色泽鲜黄,籽粒饱满,无霉烂变质,无发芽,无异味

1. 种子纯度　要求同一品种的桑种子要纯,种子的形态、大小都是较接近的,千粒种子重也较接近。如广东桑约为 659 粒/克,千粒重为 1.52 克;湖桑为 700 粒/克,千粒重为1.47 克;沙 2×伦 109 为440～540 粒/克,千粒重1.85～2.07 克。

2. 种子外观检验　新鲜的桑种,光泽鲜明,黄褐色,桑种内少混有果肉、果皮、泥沙、空壳以及其他杂物。用手搓碎,有油脂香味;陈旧变质的桑种,色泽暗污,种子的油脂少,并有霉臭味。

3. 种子净度检验　取 3 份分别为 10 克的试验样品,将试验样品中的好种子与坏种子、杂质分开,分别称重,按下述公式计算种子净度。

$$N(\%) = m_1/m_2 \times 100$$

式中　N——种子净度

m_1——好种子质量,单位为克

m_2——试验样品质量,单位为克

取三份试验样品计算结果的平均数,即为种子净度。

4. 种子千粒重检验　从净度检验后的好种子中，随机取1 000粒种子称重，3 次重复，取平均值。

5. 种子发芽率检验　种子发芽率为在适宜条件下，规定日期内能正常发芽的种子数占供试种子数的百分率。

方法一：催芽法。从净度检验后的好种子中随机取样品 3 份，每份 100 粒。同时培养皿中平铺浸透水的滤纸两层，作为芽床。将取好的 3 份样品，分别整齐地排列在 3 个培养皿中的滤纸上。培养皿外须贴好标签，注明置床日期、样品号、品种名、重复次数等。将置好床的培养皿置于28℃～30℃的温箱中，保持芽床湿润。试验第七天调查发芽种子数。按下式计算种子发芽率。

$$G(\%) = n_1/n_2 \times 100$$

式中　G——种子发芽率

n_1——发芽期(7 日)内正常发芽粒数，单位为粒

n_2——试样种子粒数，单位为粒

取 3 份样品计算结果的平均值，即为种子发芽率。

方法二：红墨水染色速测法。用普通写字用的红墨水(其成分为曙红)做染剂，具体步骤：取桑籽 300～400 粒，置于杯(或碟子)内，加水至桑籽完全浸泡在水中，一般浸水 3～5 小时，种子的内种皮吸水变软。随后把已经浸泡适度的桑籽取出，25～50 粒为一组，平摊于纸上，逐粒解剖。把种胚取出置于盛有清水的小碟内，该组解剖结束后，再重复 1 次。红墨水染色：用吸管把装有解剖好桑种子的两个小碟内的清水吸掉，倾入红墨水(原液)，使桑籽胚体全部浸没，一般染色时间为 10 分钟。清水冲洗：染色后，用吸管把红墨水吸去，倾注入清水，连续 3～4 次，让胚体浸在清水中 2 小时后，观察胚体着红色程度。如是死种子整个胚体染上红色或大部分染上红色，或胚轴某一小段完全染上红色；相反，活的种子胚体仍为嫩白色或胚根或子叶的一小部分稍带粉色。

6. 种子实用价值　测出种子的净度和发芽率后，可算出桑种

子的实用价值，同时可确定每667平方米下种量。

种子实用价值＝发芽率×种子净度

7. 种子含水率检验 测定种子含水率，采用低恒温烘干法。将装于密封容器内的送检样品充分混合，再于预先烘至恒重的样品盒内分别称准4.500～5.000克试验样品2份，摊平盖严。待烘箱预热至110℃～115℃时，打开盒盖，将样品盒及盒盖一并放入烘箱内，关闭箱门，使箱温在5～10分钟内回升至103℃±2℃时开始计时，烘8小时。然后打开箱门，在箱内盖好盒盖，取出后放入干燥器内冷却至室温，称重，由烘后减少的质量按下式计算含水率：

$$M(\%)=(W_2-W_3)/(W_2-W_1)\times 100$$

式中　M——种子含水率

W_1——样品盒及盒盖的质量，单位为克

W_2——样品盒及盒盖与烘前样品的总质量，单位为克

W_3——样品盒及盒盖与烘后样品的总质量，单位为克

如2份样品测定结果之间的差距不超过0.2%，则其平均值即为种子含水率。

(三) 播　种

1. 播种时期 种子播种可分春播和夏播2个时期。当年春季采收的桑种随即播种的为夏播，贮藏到翌年春季播种的为春播。春播时间主要根据地温决定，当地面下5厘米地温回升到20℃以上时就可以播种，这时桑树大致开放4～5叶。珠江流域春播在清明前后，即3月中下旬至4月上旬，长江流域在4月中下旬，黄河流域在5月上中旬，东北地区在5月中下旬。以早为宜，最迟也要在5月份播完。过迟播种易遭雨水冲刷，高温季节苗木因处在幼龄阶段，木质未充实，易受灼伤，影响成活。夏播在当年种子成熟采收后就可播种，宜早不宜迟，以使桑苗生长周期尽可能长。广东等地区除了春播外，也可秋播。秋播是在秋分前后，即9月下旬，

但不宜过早，过早遇上高温，管理困难。如秋播遇上高温、干旱，须加强肥水管理，加促苗木生长，供当年冬季或翌年春种植。

2. 播种方法　有撒播和条播两种。

(1) 撒播　把桑种子均匀地撒播在整理好的畦面上，每 667 平方米播种 1 千克(以种子发芽率 85%计)。播种后用木棍稍压一下，使种子和土壤密切结合。较为黏重的土壤和多雨的季节不用压实。一般在播种后适当撒一层薄土覆盖种子。

(2) 条播　一般播种沟与苗圃工作行垂直，播种沟深、宽各 10 厘米，沟距 16～20 厘米，每 667 平方米播种量 0.5～0.7 千克(以种子发芽率 85%计)。沟底要平坦，土块要充分打碎略压实，防止桑种从土粒间隙中落下造成发芽时参差不齐，影响发芽率。有些地方直接播成投产桑园。直播成园的桑地要翻地、晒白打碎，在播沟内施足基肥，让播下的种子萌发后促使快速成园。

根据各地经验，结合当地的习惯，也可因地制宜地采用营养钵或营养块育苗。营养钵育苗方法与棉花育苗大体相同，每钵播种 3 粒，待桑苗长到 3～4 片真叶时移栽至大田，可按当地密植桑园的株行距定植，一步成园。据江苏省扬中县长旺乡实践表明，采用营养钵一步成园，当年秋季每 667 平方米产叶 214 千克，第二年产叶量达 1 500 千克，产茧 100 千克。

(3) 播种量　播种时为了达到种子撒落均匀和便于操作，可自制或借用其他作物(种子大小与桑种近似)播种器播种。播种量为每 667 平方米 0.5～1 千克。有条件的地方最好与 0.5 千克不发芽的普通实生桑种子(放在铁锅烤死)均匀混和后，放入播种器播种。人工播种时，也可将桑种和干细土掺和后均匀地撒在播种沟内(桑种 1 份与细土 4 份)。

(4) 覆盖　播种后，先薄盖细土，以看不见种子为度，然后每 667 平方米再用 150 千克稻草覆盖，也可用麦秸、菜籽壳等覆盖。覆草厚度以稍见泥土为度，均匀覆盖后，并淋水 1 次，以后经常保持土壤湿润。种子播后7～10天逐渐发芽出土，当幼苗长出2片真叶时，可逐渐分批除去覆盖草。过晚除去覆盖草，会影响桑苗的生长；过早除去覆盖草，易使幼苗受阳光晒伤导致死苗。

3. 桑苗生长规律

(1)出苗期　从播种至长出2片子叶时止，需7～10天，此期注意淋水补湿，保持苗地充分湿润，促使桑种出芽齐全。长出1片真叶时，在阴天或傍晚分批把稻草揭去。

(2)缓慢生长期　从出2片子叶至长出4～5片真叶时，此期靠地上部叶片进行光合作用制造营养物质才能正常生长。主要工作是灌溉、排水、追肥、间苗、补缺、除草。追肥以速效农家肥为主，化肥为辅，一般以0.5%尿素或10倍人粪尿隔周淋1次肥。用肥量先稀后浓，多次薄施。

(3)旺盛生长期　长到5片真叶后，主要工作是除草、施肥，每月施肥2～3次，每次每667平方米施粪水1 500～2 000千克，加少量尿素，苗高30厘米后，根据苗木生长情况确定是否施肥。

播种后经过3～4个月的管理，一般苗高60厘米、苗径3毫米以上时，可根据需要有计划起苗移栽。

4. 苗圃管理　播种后管理好坏是直接影响全苗、壮苗的关键。要桑苗长得齐、长得粗壮，必须抓好以下几项工作。

(1)保水　播种后要保持土壤湿润，满足种子萌发所需的水分。水源方便的地方，隔日引水灌溉，以渗透为度，不宜浸过畦面，造成土壤板结，妨碍桑苗的生长。不便引水的地方可早晚各淋水1次，每次水量不宜太多，种子萌发出芽后可减少淋水次数，每次淋水量可大些，以土壤不干为度，雨天要及时排除苗圃内的积水。

(2)及时除草　桑苗长出土后如不及时除去杂草必然影响桑苗的生长。除草要早除、见草就除。初次除草用一手压住覆盖的稻草，另一手拔草，切勿使苗根土松动，以防幼苗枯死。以后要常除杂草，以保证桑苗茁壮生长。

(3)间苗补缺　间苗、补缺是保证苗木数量和质量的必要措施。苗长到4厘米左右即进行第一次间苗，把过密的、细小的苗拔去。苗高7～10厘米时第二次间苗。间出的苗用于补苗，间苗、补苗宜在下雨或淋水后进行，并注意不要使苗根带动邻株，影响桑苗的正常生长。

(4)施肥与害虫防治　当幼苗长出4～5片叶时(即桑苗已长出二级侧根)可进行第1次施肥，以后每隔10天就施肥一次或视苗木生长情况而定。施肥常以腐熟粪肥为主、化肥为辅，浓度由低到高分次施用。施用粪尿，第一次每667平方米施150千克、冲水8～10倍使用；用化肥每667平方米2～2.5千克冲水淋施。第二次每667平方米250千克，冲水6～8倍，或化肥4～5千克。第三次每667平方米600千克，加水1倍，以后可视桑苗的生长逐渐增加施肥量。如苗地瘦瘠，桑苗生长缓慢，可用0.2%～0.3%尿素根外施肥，促进苗生长。注意防治病虫危害桑苗。如出现由细菌引起的桑苗猝倒病时，可用农用链霉素500毫克/千克或用25%多菌灵300～400倍液喷洒防治。

三、无性繁殖

桑树无性繁殖是利用桑枝条和芽的再生力，使其在适宜的环境下形成新个体桑树的繁殖方法。桑树的无性繁殖包括嫁接、插条、压条等。

(一) 嫁　接

嫁接就是把桑树的枝条或芽，接到另一株桑树的枝条或根上，使接穗和砧木愈合成新的个体。用于嫁接的枝或芽叫接穗，被接的枝干或根称为砧木，接穗和砧木嫁接后的个体称为嫁接体。

1. 砧木的准备　嫁接的砧木，基部要细，桑根要发达，当幼苗长

13～16 厘米时控制水分供给，停施氮肥，增施磷、钾肥，以促进幼苗根茎充实，砧木苗可用撒播法繁殖。袋接的砧木以根茎粗大于接穗为宜，砧木即挖即用，当日用不完可放于通风阴凉处，或用湿沙保存，凡感染桑青枯病、根线虫病等病虫害的桑苗不能做砧木。

2. 接穗的采集和贮藏 接穗的优劣，直接影响嫁接苗的成活率。必须选择枝条充实、冬芽饱满、粗细适当、无病虫害的枝条为接穗。接穗在嫁接之前须预先采集贮藏，要求接穗枝条含水量在45%左右为宜。也有利用晴天即剪即用的。一般嫁接 1 万株桑苗需穗条 75～150 千克，依枝条的粗细、桑芽的好坏而变化。采集时期一般为嫁接前 20～30 天，枝条休眠末期至发芽前是采集穗条适期。各地气候不同，采集时期有早有迟，如江浙地区一般在 2 月下旬及 3 月上旬。在同一地区，发芽早的品种应先剪，晚生品种可适当推迟。

接穗贮藏方法如下：

（1）室内贮藏　宜选择阴凉、湿度 70%左右、门窗能开关的房屋，经消毒清洁后，地面铺 7～10 厘米细沙或稻草，将接穗自然放置于室内，周围及上下盖草保鲜。枝条可竖直排列或横放堆叠，使桑枝自然散失一些水分。如放置时间较长的，则覆盖塑料薄膜，堆放后关闭门窗。如薄膜附着水珠，则要揭开薄膜并适当开窗通风换气。如穗条散发水分较快，可洒水补湿。

（2）室外贮藏　选择背阴高燥处挖坑，坑深 1 米以上，宽1～1.5 米，地铺细沙后，将接穗斜放坑内，周围培土15～20 厘米，防止被风刮倒及雨水流入。

（3）枝条冷藏　有条件的可把成捆的枝条，堆放在冷库内，上下塑料薄膜包被盖，以防止冷库顶水珠滴和地面积水，引起枝条发霉，库温掌握在5℃～8℃，空气相对湿度 70%。无冷库时也可地窖贮存。

3. 嫁接时间 在春、夏、秋季皆可进行。在春季气温转暖、砧木苗的冬芽开始萌动、皮层与木质部分容易分离、接穗未萌发时嫁接，苗木愈合好，嫁接成活率高，是嫁接最好的时期，江、浙地区一般在3月中旬至4月上旬为嫁接适期。而夏、秋季易受高温干旱影响和生长期短的限制。但芽接从春季到秋季均可嫁接，特别是夏季的芽接，取材容易、方法简单且成活率高。近年来也发展了冬季芽接，桑树冬季芽接时正值冬闲，嫁接时间充足。芽接后，芽片与砧木接触时间长，开春后两者容易愈合，嫁接成活率高，但冬季芽接时砧木、接穗均处于休眠状态，嫁接后无细胞分裂，愈伤组织不能愈合，嫁接相当于将芽片存放在砧木切口中，借薄膜包扎起来保护伤口，待开春以后，气温达到16℃左右才开始萌发。

4. 嫁接技术 桑树嫁接方法很多，现主要采用的嫁接方法有袋接法、带根接法及芽接等。

(1)袋接 袋接按削、剪、插、壅的顺序进行(图15)。

①削接穗：在芽的背面稍下0.6～1厘米处，用刀向下斜削，成为长2～2.3厘米的马耳形斜面，然后在尖端削一刀，把过长部分削去，再在斜面两侧各削一刀，削去过厚的木质部，使形成层韧皮部从斜面露出，再在削面的反面尖端处薄薄削去一层表皮，以微现青色为度，最后在穗条上方芽尖端处剪断，便成一个接穗放在碗内，用清洁湿布盖着，以防接穗失水过快，影响成活率。

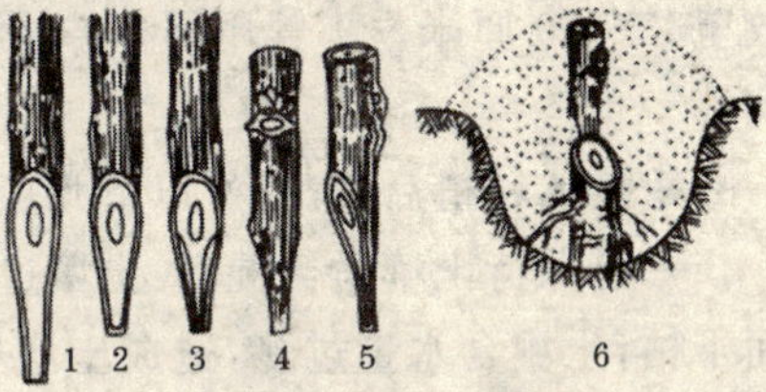

图15 袋 接

1. 第一刀削成的接穗 2. 第二刀削成的接穗 3. 第三、四刀削成的接穗 4. 接穗背面 5. 接穗侧面 6. 插穗和壅土

②剪砧木：选择青颈部稍下方、没有侧根、皮层光滑处，用枝剪剪成斜面，剪口要平滑，长度1.7～2厘米为宜。

③插接穗：一般用左手大拇指捏开砧木剪口的皮层，右手拿接

穗，削面向外，慢慢插入。插入时用力不要过大，防止皮层破裂，接穗大小与砧木要匹配。

④壅土：接穗插好后，随即用干湿适当的细土，两手相向在剪口和削面部间壅紧嫁接部位，要求两手用力均匀，以防穗头摇动或脱落。然后用细土覆盖接穗0.5～1厘米厚，呈馒头状。壅土要做到底脚大、中间紧、上部松。

嫁接后如遇不良天气，可将嫁接体参照以下方法处理。

第一，塑料薄膜覆盖：将嫁接体堆放成畦，然后用经清洁的塑料薄膜覆盖。

第二，沙藏：可在室内进行。要选择通风换气且能密闭的房屋，首先清洁消毒，备好清洁的河沙，调节沙的湿度（手握成团，松手能散开），在地上铺沙厚7厘米，宽33厘米左右，然后把接木根部相对，接穗头向外，依次平放，排好一层后即覆盖沙一层，高度可放至33～50厘米。不管用哪种方法都要注意换气、保温保湿和防病等。

嫁接体种植后，宜抓好以下几项工作：

一是保持土壤适当湿润：土壤过于干旱，易引起接木大量失水而干枯；土壤含水量过多，造成土壤中空气缺乏，不利于愈伤组织的形成，甚至接穗霉烂。前期（即嫁接后至愈伤组织形成阶段）保持土壤含水量35%～40%（即手握土成团，松手土能散开），后期（前期后至开叶3～4片）土壤湿度要求稍大一些，以含水量45%～55%为宜。二是及时培土、松土：种植后因常淋水或遇雨天冲刷，接穗头经常露出，被太阳照射，易于干枯，土壤易板结，所以雨后要浅松土和适量培土。三是除草、施肥：幼苗期根吸收功能弱，砧木和接穗的输导组织尚未完全畅通，宜每隔3～4天用人粪尿或0.2%～0.3%的尿素做根外施肥。当生长4～5片叶以后，视叶色变化适当施肥以促进苗木的生长。为使嫁接苗正常生长，应及时把砧木长出的芽除去，使养分集中供应给接穗。二是防止病虫害：

注意桑白绢病及桑卷叶虫、地老虎等对桑树生长造成的危害。

(2)带 根 接

①剪(斩)接穗:每一接穗有 3～4 个芽,长 14 厘米左右,在齐芽尖处平剪,接穗基部在芽的背面呈45°角斜剪,切口呈楔形(上切口以齐芽为宜),顶端的芽和下部斜面尖端在一条直线上。斜切口角度要适宜,若角度太小,砧木和接穗容易脱落;角度太大,则接穗的木质部与皮层不易分离,影响嫁接工效。如用刀切取接穗时,刀要锋利,砧板要坚硬,接面要小,用力要猛而准,一刀过,切勿翻刀。

②削砧木:取木质化高的实生苗,于青颈部稍下方向斜削一刀,呈马耳形,削面长度 0.6～1 厘米,背面轻削一刀,以略见青皮为度。削面要求平滑,以利于嫁接时砧木与接穗紧密结合,易于愈合,提高成苗率。

③嫁接:将接穗基部皮层捏开,把削好的砧木切口向外,紧插入捏开的皮层里,以手抓根部倒提不脱落为合格(图 16)。

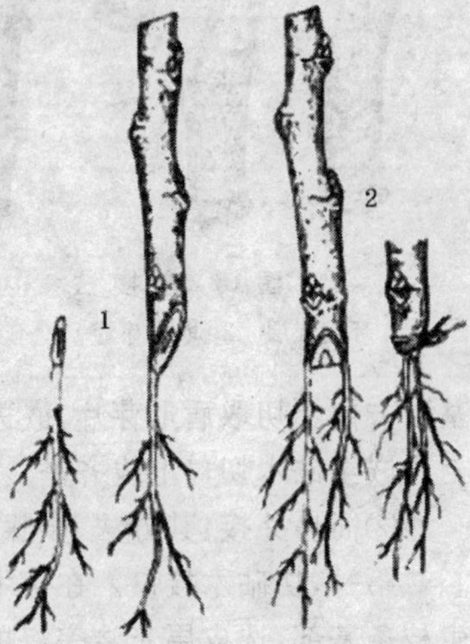

图 16　带 根 接

1. 马耳形带根接　2. 楔形带根接

(3) 芽接法　桑树芽接时,选确定每一枝干分枝的地方,每株接 2～3 个芽片;已分枝干且粗壮的,可在离支干基部开叉处 3～6 厘米的地方嫁接,每株接 1 个芽片。已成形的壮桑树,应在离 1 年生枝条基部开叉处 3 厘

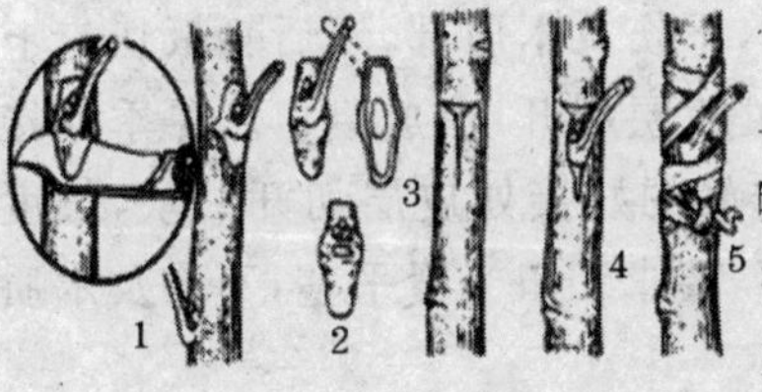

图 17　"T"字形芽接

1. 取芽　2. 芽片　3. 砧木"T"形切口　4. 芽片嵌入　5. 扎缚

米的地方嫁接，1根枝条接1个芽片。老桑树在光滑的一、二、三级支干上，选定一个水平位置，按嫁接部位的粗细每干接2～3个芽片，接活后重新培育定形。

桑树芽接方法主要有"T"字形芽接法（图17）、简易芽接、套接法（图18）等。

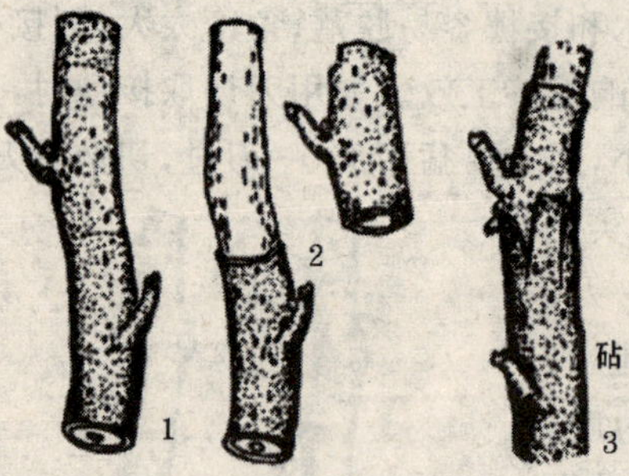

图18 套接法

1. 环割皮层 2. 取出芽管 3. 套接

①"T"字形芽接法：又称盾形芽接法。在接穗上切取盾状芽片，嵌接进砧木的"T"形切口皮层内使之愈合成活。春接用冬芽，夏秋接用当年生枝条上的腋芽，去叶留柄，随采随用。嫁接时，先在砧木的合适部位切成"T"字形，选饱满的接芽在芽尖上方切一刀，再从芽基下方向上切取盾形芽片，嵌进被撬开的"T"形切口的皮层，芽片上边嵌至砧木切口上线齐平。用绑缚物扎缚，露出芽尖。

②简易芽接：其方法、步骤如下。

第一，切砧木接口。在苗木根颈部以上或需改造桑树的一年生枝条基部，选皮层光洁完好的一面。春季芽接用芽接刀在此处割划一个指甲形切口，切断皮层，不伤及木质部，然后轻扳切口上部苗干，使之适当弯曲，使切口处皮层裂开，形成袋口。冬季芽接皮层不易裂开，可用芽接刀将选好的嫁接处皮层切开一块，长度16～20毫米，作为嵌芽片的位置，要求切口光滑平整，不伤及木质部而能见到木质部为宜。

第二，取芽片。选穗条上饱满充实未萌动的芽。第一刀用芽接刀将叶痕削平。第二刀在叶痕下5～10毫米处横切一刀，切断皮层，深入木质部。第三刀从芽尖处嵌入至芽基处，切断皮层（冬季芽接则从芽尖处切断皮层），顺势推刀而下，至第二刀处，取下一个光滑平整的芽片。要求穗条所削芽片处见木不伤木。切下的芽片削面中心有长椭圆形的白芽痕，周边有 3 个维管束痕的小圆点，以此作为切芽片薄厚是否适度的标志。春季芽接，所取芽片长度宜稍短，冬季芽接所取芽片长度可稍长。最好能与砧木切口大小相适应。

第三，插芽片。将切下的芽片用拇指按在芽接刀片上，保持削面清洁不沾污物。春季芽接将砧木切口裂开，把芽片削面朝向砧木袋口皮层，芽背靠着木质部，插入砧木切口中，要插正插紧，以切口皮层不破裂为度，使砧木皮层包紧插入的穗芽，芽尖露出切口。如果袋口皮层破裂，应另做袋口或用薄膜条包扎封闭。冬季芽接插芽片时要将芽片削面朝向切口木质部，芽部朝外，使芽片各边与砧木切口各边密接吻合，至少要使某一边靠紧，这是冬季芽接成活的关键之一。放好芽片后将切开的砧木皮层合上，盖至芽片叶痕处，将过长的砧木皮层切除，然后用薄膜带将嫁接处包扎封闭，露出芽部，以保护切口不失水、不受侵染，且包扎不松散。

第四，剪砧木。嫁接包扎好后，在嫁接处以上留 3～4 厘米，其余苗干立即剪除，以利于成活。简易芽接由于伤势重，伤面大，操作时要求接触紧密，砧木接穗削面大而光滑，形成层互相对准，包扎紧密，有利于愈伤组织的形成，提高嫁接成活率。

第五，芽接后的管理。一是春季芽接如果气温在 20℃以上，经过大约 10 天后即可成活，如未成活应及时补接。二是嫁接成活后应及时去除砧芽，切口包扎过的应解除包扎。三是穗芽抽出的新枝生长迅速、重量大，容易从嫁接处破裂倒伏，可将其捆扎在砧木所留短桩上，支撑加固，待愈合牢固后再剪除短桩，保证新枝直立生长。四是成活后要适时施肥除草，防治病虫害。芽接当年最好不采叶或少采叶。

③套接法：又称管接，安康地区蚕农叫“热粘皮”，是普遍采用的

一种芽接方法。其步骤:一是选择接穗。一般在6～7月间桑树生长旺盛季节进行,选择生长健壮、桑芽饱满、没有病虫害的当年生枝条做接穗。接穗条要随剪随用,防止干枯。二是环割桑条。先把桑苗的绿色梢端剪去,摘叶片留叶柄。选择有健壮芽的半木栓化的一节做节套,在节套的上下两端1厘米处环割,深达木质部。三是取套管。左手拿桑条一端,右手用拇指、食指和中指捏住环割的部位,轻轻向外扭转,使皮层与木质部分离,然后取下套管。四是套管。选择与套管粗细相仿的砧木,在适当部位剪去梢部,从上端剥开皮层,随即套上套管,从上而下缓缓推进,使砧木皮层自然剥离,套紧后,在套管上方露出木质0.5厘米处剪断砧木。套好后遇气候干燥要用薄膜或绳、皮捆扎,避免风吹干皮层。嫁接后10天左右即可发芽,成活后注意摘除砧芽并做好追肥除草等工作。

(二) 插 条

插条是利用植物的再生能力,把营养器官的一部分切离母体,插入土中,在适宜的环境条件下,使之生根发芽,成为新个体。优点是取材容易、方法简单、成苗快且能保持母本的优良性状。

扦插法依插条的木质化程度而分为嫩枝扦插和硬枝扦插2种。

嫩枝扦插是以当年生的枝条新梢,从其基部15～20厘米处剪断作为插穗,顶端留2片真叶,其余摘叶留柄。穗基部可用生根粉、萘乙酸水溶液等浸一下,然后插入以砂壤土为主的插床上,株行距为10厘米×15厘米,深5～6厘米,插完后覆盖农膜与遮阳物,一个月内早晚各喷1次水,每3～4天喷1次多菌灵400～500倍液,等插穗生根成活后,逐步揭膜炼苗。

硬枝扦插华北地区一般在4月下旬至5月初进行,插条选用春天剪下的桑条,枝条分段剪成15～20厘米长,要求插条上端芽饱满,下端剪口尽可能靠近叶痕,插条剪成上平下呈马耳形的平滑切面,也可用生根剂浸24小时后插入覆盖地膜的床上,株行距一般为 15 厘米×20 厘米，深 8～9 厘米（插条长度的一半），插后用河泥封住插口，当穗芽长出 2～3 片叶时，可每隔一周喷 1 次 0.3%磷酸二氢钾做根外追肥，可连续喷 3～4 次，以促进扦插苗生长。具体方法是：① 插条时期与嫁接时期相同（见嫁接部分）。② 插穗的采集和贮藏与接穗的采集和贮藏相同（见嫁接部分）。③ 剪插穗一般以 17 厘米长有 4～5 个芽为宜。④促进插条发根的措施。利用植物生长素促进插穗发根，可以促进剪口呼吸作用和细胞的分裂作用，易于长出新根。

常用的有吲哚丁酸和萘氧乙酸两种生长素促进桑插穗生根。使用药剂处理注意事项如下。

第一，吲哚丁酸不溶于水，易溶于酒精，使用时，提前 20 分钟用 95%酒精稀释。

第二，浓度低发根慢，根较少；浓度过大虽易发根，但易引起切口霉烂。使用浓度与气温亦有密切关系，当气温高时，浓度宜稍低；气温低时，浓度宜偏大。配好的药液一般可使用 1～2 次。第一次可浸 6 000 枝插穗，第二次浸 4 000 枝插穗。

第三，浸渍时间依当天的温度而定。温度低时，使用浓度偏高，浸渍时间可稍长；温度高时，使用浓度偏低，浸渍时间稍短。

第四，将所剪取的插穗 20 条扎成一捆做浸渍处理，注意下切口整齐一致，使浸液均匀。要当天剪插穗当天浸药，使下切口表面组织不因干枯失水而影响成活率，药液以浸过切口即可。处理后的插穗，可按以下两种方法处理：一是将插穗按大田种植规格（为了保证种植密度，直插时宜密些，待发根生长后可移密补缺）直接插到大田，在大田生根成长，但要注意保持土壤湿润，也不宜过于潮湿，以免插穗腐烂影响发根生长。二是将插穗集中催根。具体做法是：先将插穗倒置，并排在已消毒的、用于预催根的地方催根，此时要注意插穗的湿度、温度和空气。为了防止桑白绢病的发生，可结合插穗补湿，在水中加入 50%多菌灵 1 500 倍液喷洒以消毒防病；再把插穗顺次排在已消毒准备预插的地方，然后用干净的河沙壅剪口上3～5厘米催芽，也要经常注意保持河沙湿润。上述2种处理方法都是待插穗剪口出现根点，即可移种到大田或苗圃育苗。

（三）压　条

压条繁育桑苗的办法是把母树上全部（或部分）的桑枝条压入母株树附近的松土中，使其平埋于土中。一段时间后生根长出新枝，然后将其从母株压下的枝条切离成为新植株。这种育苗方法简便易行，新株成活率高，能保持母株的优良特性。

1. 压条时间　春压是用上年生长的枝条在发芽前或在五六月间采完叶时压下，秋压是用夏伐后长出的新梢条，在七八月份压下去。

2. 埋条方法　选择一年生、没有病虫害、生长健壮的枝条，将叶片摘除饲蚕，留下带有新梢的枝条，枝条基部剪口接上桑根更易成活，然后埋入植沟，露出新梢踏实。新梢条露出过长，也可适当剪去，留8厘米有3～5个芽即可。方法一般有“T”字形压条法、补缺压条和以苗育苗法（图19，图20，图21）。

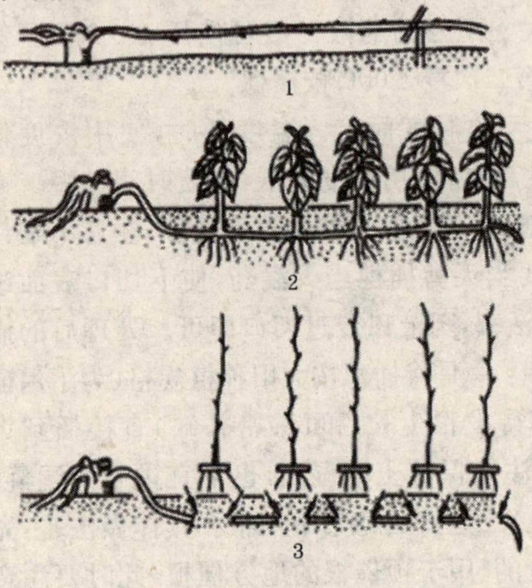

图19　“T”字形压条法

1. 压条前的伏条　2. 压条后的生长　3. 起苗

3. 压条、埋条后的管理　枝条发芽后，从靠近母株的基部环割，减少养分流动，以促进根原体的发根。靠近母株条部位长出的叶芽，要随时剥除，使养分集中。还要注意除草、追肥等工作。春压的桑条，当年秋天即可长到1米以上，出圃时与母株分离，然后出圃栽植。

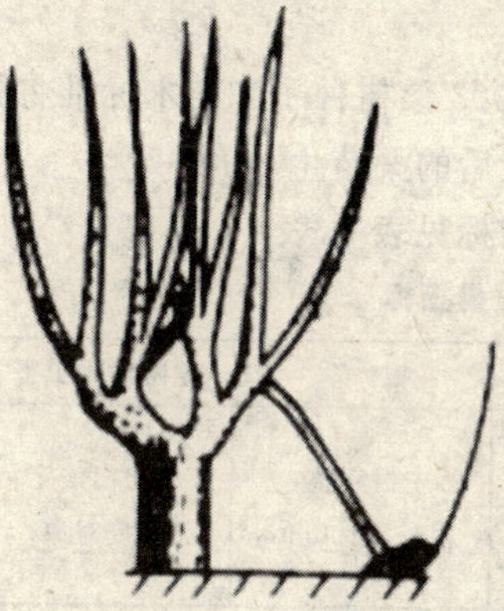

图20　补缺压条

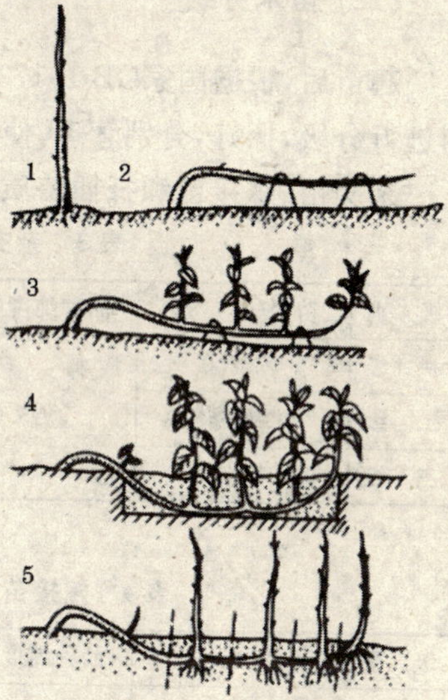

图21　以苗育苗

1. 上年秋季栽壮苗　2. 次年春伏条
3. 春季腋芽萌发　4. 夏季条埋土中
5. 冬季分株成新苗

四、桑苗出圃

(一)起　苗

起苗又称挖苗。一般在桑苗进入休眠期起苗，此时桑苗对外界环境条件有较强的抵抗能力，桑苗栽植后成活率高。也可根据生产季节需要起苗。起苗时尽量保持根系完整，枝条不受损伤。为此宜注意做好下列几项工作。

第一，应先将苗根侧泥土挖开，挖苗的范围要宽些，尽量多留些桑根。

第二，如果土质干燥板结，可向桑苗地灌水，使土壤湿润，便于挖苗。

第三，挖起的苗木，要尽量减少风吹日晒，放于通风阴凉处，不要堆积过高，切勿淋水，以防苗木积热霉烂。

(二) 苗木分级

起苗后，根据国家GB 19173—2003 桑树种子和苗木标准将桑苗进行分级，捆好，分别管理，使种植后的桑苗生长齐一。

杂交苗、嫁接苗和扦插苗质量指标见表3，表4。

表3 杂交苗质量指标

级别	苗径(Φ,mm)	品种纯度(%)	根系	危险性病虫害
一级	Φ≥7.0	≥95.0	主根完整，根长≥100mm	未检出法定检疫对象
二级	7.0>Φ≥5.0			
三级	5.0>Φ≥3.0			

表4 嫁接苗、扦插苗质量指标

级别	苗径(Φ,mm)	品种纯度(%)	根系	危险性病虫害
一级	Φ≥12.0	≥98.0	主根较完整，根长≥150mm	未检出法定检疫对象
二级	12.0>Φ≥9.0			
三级	9.0>Φ≥7.0			
四级	7.0>Φ≥5.0			

注：合格苗木要求苗木新鲜，苗干充实，冬芽饱满无损伤

(三)桑苗假植

桑苗挖起后，一般应即行种植。不能及时种植时，可选择靠近水源及土壤疏松、排水良好的地方假植。假植时宜根据桑苗根系的长度开假植沟，将桑苗直立或斜放沟内，理直根系，严防重叠堆积在一起，覆盖土至桑苗高的1/3～1/2。淋以适量的水，防止桑根霉烂。同时假植桑苗后须将四周排水沟挖好，防雨后排水不良、增加土壤的含水量，造成桑根霉烂，影响桑苗质量。

（四）桑苗检疫、包装和运输

为了防止桑苗病害的蔓延，调入或调出的桑苗都必须按照国家规定办理，严格进行检疫。起苗后经检疫为无病害的桑苗，实生苗、杂交苗每100株扎成一捆，嫁接苗、扦插苗每50株或100株扎成一捆。待运输的桑苗不宜堆放过高，注意通风透气以防积热，还要防日晒雨淋。桑种子运输过程中应防止日晒雨淋、受潮、发热。苗木运输过程中应防止长时间堆积重压、风吹日晒及冻害。应尽量缩短运输时间。

思考题

1. 桑树繁殖的方式有哪些？
2. 如何进行苗圃地的选择与整理，其要求是什么？
3. 桑树种子如何贮存，其质量如何鉴别？
4. 桑树苗圃管理的主要措施包括哪些？
5. 桑树袋接的步骤与方法？

第四章　桑园规划与桑树栽植

一、桑园规划

建立新桑园是发展蚕桑生产的一项基本建设。要从农户的土地条件、劳动力和设备情况来考虑，因地制宜地全面规划种桑土地。

（一）选择有生产发展条件的地区

桑树虽然对自然条件的适应性较强，但为了提高蚕桑生产经营效益，仍需选择日照、降水、气温等自然条件适宜的地区发展。同时，还应对其他农作物和副业的用工和收入等做些调查，以便比较蚕桑生产的效益。此外，桑园布局要合理，面积要与蚕桑生产规模和桑园生产能力以及当地的蚕茧加工能力相适应。

（二）栽桑土地选定

桑树是一种喜阳、喜湿、多年生叶用的木本植物，在一年之内多次采摘桑叶养蚕，需耗用大量的水肥。种桑选地宜掌握先近后远、先肥后瘦、水源充足的地方。种桑宜选 pH 4.5～9、含盐在量 0.2%以下、土层深厚的土地为好。桑树适应性较广，丘陵、坡地、河滩、水田和零星四边地均可种植，有条件的地方，要适当集中成片种植，以便于机械操作，规模生产，方便管理，尽可能不与其他作物间作套种以免因其他作物撒（喷）施农药，引起蚕中毒。

（三）桑园环境

桑园环境的好坏直接影响蚕业的稳定和蚕茧质量。如工矿企业（或砖瓦厂）排出的煤烟、微尘、废水、废气、废渣和附近种植有毒作物都会污染桑叶，危害诱发蚕病，造成蚕茧减收。

（四）新桑园的排灌

桑树在生长发育过程中既需要水分又要防止水淹。当土壤中水分适当时，桑树正常生长。如土中含水分过多时，使桑树根的正常功能受到影响，桑叶变黄甚至脱落，减少产量、降低质量。因此，在丘陵、山坡地种桑，要抓好贮水抗旱工作；水田桑地要注意开排水沟，降低地下水位。

（五）品种选择

新建桑园要选择产叶量高、叶质优、抗逆性强、并适合当地气候条件的优良桑品种。

二、土地的利用与改造

（一）丘陵、坡地

丘陵、坡地，因长年受雨水冲刷，水土流失严重，土层瘦薄，有效磷、钾缺乏，有机质少，土质黏重，多呈酸性或微酸性。地下水位低、保水保肥能力差。在垦植时，宜将荒坡地建成梯形桑地或等高线桑地，然后全面深耕施入有机肥进行改土，基肥不足的可开沟施肥（也可在开荒后即播种绿肥压青改土）。选择抗逆性强的品种，并采用中、低干树形养成，还要抓好壮苗和适当密植。种后要及早管理，多间作绿肥并在地面覆盖稻草或杂草，以保持土壤湿润，以促进桑树生长。

(二)河滩沙洲地

河流两岸的冲积河滩地、沙洲地均可用于种桑。沿河两岸每年因洪水淹浸后沉积下来的淤泥有利于桑树生长。但河滩地、沙洲地沙量大、土质疏松、有机质少、保水保肥力差,导热性强,土壤温度升降差大、且日夜温差大。如在此类土壤中种桑时应注意:要选用土层较厚淤泥较多、水位较低(一般在正常水位以下),长年受浸时间不长的地段种桑;垦植种桑时宜捡除石块,沙多泥少的可入泥改土,增施有机肥料;选用壮苗秋植,洪水期前要根刈降枝,洪水过后即行清除残叶,松土追肥,促进新芽早发。

(三)塘 基 地

塘基地水源充足,桑树单产较高。塘基地因连年清泥和雨水冲刷,桑地边缘逐渐崩塌,形成“瓦筒基”,不利于保水保肥,影响桑树生长。因此,对塘基桑地要经常平整,勤清泥(或担塘泥),增施有机质肥料,以获取优质高产的桑叶。

(四)水　田

水田地势平坦,土层深厚,土壤肥沃,保水保肥性能较好。但地下水位一般较高,在多雨季节易积水成涝,影响桑树的正常生长。因此,需在种桑的水田四周开深沟以利于地下水排出。如果是黏土,则要深翻土层,改善透气性,使深层土壤经风化形成疏松的土壤,再施入有机肥料。有条件的地方可采用客土法,改良土壤结构。如土壤含沙较多,通透气性好,保水、保肥力差,土中养分少,尤其是有机质少的土壤,首先要多施土杂肥或冬种绿肥压青,增加土中有机质的含量。改良沙土时可掺入淤泥,将土层耕翻均匀,然后再将土地整平,起畦植桑。植桑后宜及早管理,进行田间松土、除草、施肥等,以便早采桑叶养蚕。

(五) 盐碱地

盐碱地的含盐量范围较广，桑苗极限耐盐量为0.3%左右，超时极限会使桑苗遭受盐害桑苗受盐害的症状为：齐地面的苗茎处形成褐色环状圈，叶片卷曲发焦。在高盐土壤上栽桑，需采取开沟排盐、翻土脱盐、灌水洗盐和种植绿肥等措施，使含盐量低于0.2%。同时，栽桑应在多雨的冬季或春季进行，栽植后壅土要平，并做好增施有机肥、间作绿肥和排水、松土等工作。

三、桑树的栽植

(一) 土地翻耕和基肥施用

桑树是深根性多年生的植物，一经种植，只要加强肥水管理，就可多年收获优质高产的桑叶。为了保证持续高产，在种植前必须深耕土层、施足基肥，使翻出的生土风化分解出养分并改善土层结构，提高土地的保水、保肥能力和透气性，为桑树生长创造一个良好的条件。为方便排水和植后的管理，植前要平整好土地，为使桑树速生早成园，必须重施基肥(每667平方米施土杂肥5 000～10 000千克，磷肥25～50千克)。

(二) 种植时期和方法

栽植时期要根据各地气候条件决定，一般在桑树落叶后至翌年春季发芽前栽植。此时桑苗正处于休眠期，体内贮藏养分多，自然温度较低，蒸腾量少，成活率高。温暖地区冬栽、春栽均可，寒冷地区以春栽为宜，以免受冻害。而广东、广西等地区种桑一年四季都可进行。习惯上多以冬、春季种植为主。亦有因农事关系安排在夏、秋季种植的。

（三）桑苗准备

栽植桑树时必须根据地区特点，选用适合当地种植的丰产、抗病力强的优良品种，要求苗木健壮、整齐，根系完好，无病虫害，品种纯，苗木大小均匀。因此，种植前需将桑苗分级，剔除小苗、病苗和受伤、干枯等不良苗，并适当修根，剪去伤根、病根，随时保持苗木新鲜，防止失水干枯。修剪时剪口要平滑，以利于新根的生长。有些地方用泥浆与牛粪或磷肥混合沤制，将修剪好的桑苗蘸取泥浆肥然后种植，既可增肥又可保水、促进发根，加速桑树的生长。

（四）桑树的栽植方法

一般分沟栽和穴栽 2 种。一般凡成片密植桑均是沟栽；凡利用零星隙地的稀植桑，多为穴栽。栽植步骤大致为：

1. 挖栽植沟(穴) 桑树栽植前要挖好栽植沟(穴)，以利于新桑根系的伸展生长。一般株距小的采用沟栽，株距大的采用穴栽。栽植沟尽可能挖得深且宽，一般深宽各 50 厘米左右。栽桑时，土壤墒情要适当，尽量避免在土壤过湿泥泞或土壤过干坚硬时栽桑。挖掘时要把表土、心土分开堆放，以便覆土时把表土放置在根部，改善根部土壤条件。

2. 施基肥 栽植沟(穴)挖好后，要在底部铺施基肥，提高下部土壤肥力。基肥包括厩肥、堆肥、垃圾以及各种杂肥，都可施用。每 667 平方米施基肥不少于 5 000 千克，根据各地肥源决定。施基肥后，在基肥上再铺填表土一层，至适宜栽桑的深度，并适当踩实，以免栽植后下层土沉落、桑根架空，影响成活与生长。

3. 桑苗定植 桑树大苗与小苗要分别集中栽植，苗根要整修，将受伤的根与过长的根做适当修剪，以利于重发新根。栽植时桑苗要扶正、根系要理直，将细碎表土壅填在桑苗根部，并将桑苗轻轻向上提动，使土粒落在根际，再适当踩实壅土，校正苗位。桑苗定植深度以根颈埋入土中 3～5 厘米为宜，过浅根易露土，影响成活，过深则影响生长，一般沙土、坡地宜深些，黏性地或低洼地宜偏浅。踏实覆土，使土壤与根系紧密接触，严防吊颈苗（即下部根系悬空，未与土壤紧密接触）而影响成活。第一次壅土时必须校正栽植深度和株行距整齐度。栽植完毕后，做畦平地，疏通沟渠。栽后一次浇足定根水并适时浇水，以保证成活。

（五）种植密度与规格

种植规格与密度有关，合理密植是增加单位面积总条数和总条长的关键措施。枝条是桑叶着生的地方，同一品种随着枝条长度、叶片数、单叶质量的增加来提高桑叶产量。目前，各地都采用增大种植密度来增加桑枝条，以达到短期快速高产。因此，现代蚕桑生产的发展，都在朝着密植、速成丰产、高效方向迈进。现江浙一带的普通桑园，由原来每 667 平方米栽 200～300 株增加到 800～1 000 株，并出现了不少 1 500～2 000 株的速成密植桑园。栽植密度应根据桑树的品种、土质肥力、采伐形式、施肥水平、耕作方式和间作作物有无等情况灵活掌握，一般丝茧培育推荐每 667 平方米栽 800 株左右。设计栽植形式时，要考虑尽可能使每株桑树都占有比较相等的空间，充分利用光能和地力，减少个体间的差异，使所有的桑树都能获得平衡发展，成为丰产型群体。此外，还要兼顾桑叶收获、田间作业、间作绿肥等要求。各地的栽培形式很多，主要有以下几种。

1. 长方形栽植（宽行密株）　是生产上广泛采用的一种栽植形式。行距比株距大，桑园通风遮光良好，便于桑叶收获和田间作业。行间可种植绿肥作物，目前采用较多的规格是行距 1～2 米，株距 30～65 厘米。

2. 宽窄行栽植（双行栽植）　是宽行和窄行相间排列的形式，能更多地增加单位面积栽植株数。窄行能保证桑树正常生长，宽行便于田间管理和间作绿肥及其他作物。一般密度较大的桑园常采用这种形式，如每667平方米栽1 500株的，可采用宽行2米，窄行67厘米，株距33厘米。

(六)种植后的管理

桑苗栽植后，必须抓好管理工作，以提高成活率和促进生长。

1. 定干 在树形养成要求高度处剪去苗干。低干留15～20厘米，中干留30～35厘米。

2. 疏芽 当新梢芽长到10～15厘米时，按树形养成要求，选留位置适中健壮芽2～3个，其余全部疏去。当年养2～3根壮枝，作为支干。

3. 补植 在桑树生长过程中，如发现有劣株、死株和缺株，可从另外栽植的预备株中取苗补植，保证无缺株，使生长势均一整齐。

4. 追肥 疏芽后，为促进幼树加速生长，应追施稀释人粪尿，每次施1 500～2 000千克，根据幼树生长情况，以后再施1～2次或追施少量尿素也可。

5. 中耕除草 根据桑园情况，结合施肥，要中耕除草，防止杂草蔓生，影响幼苗生长。

6. 灌溉 经常保持土壤湿润，及时淋水防旱。注意排水、防积水，雨后抓紧松土，防止土壤板结。

7. 病虫害防治 针对桑园发生病虫害的情况及时防治。

四、速成桑园建园新技术

速成桑园又称密植丰产桑园，它是指在合理密植基础上，采取选用良种、增施肥料、增加条数和条长，在短期内接近或达到高产桑园的目的，以缩短育苗周期，降低桑园栽植成本。根据速成桑园的建园技术要点，一般有以下几种类型。

(一)苗木建园

一般每667平方米栽桑苗1 500～2 000株,也有栽植2 000～3 000株的,栽植行距1～1.3米,株距35～40厘米,矮干养成,新芽开放6～7叶时,结合疏芽留2～3根新梢,并摘去嫩梢,促进分枝,使当年秋季长成8 000～9 000条,翌年进行夏伐收获。

(二)嫁接体建园

利用桑苗嫁接体代替桑苗,按计划好的行株距,定植成园。嫁接体一步成园因具有投资少、成园早、见效快的优点,是发展蚕桑生产的快速丰产方法。目前,生产上推广的是一种新型温床嫁接体一步成园新技术,主要技术如下。

1. 温床嫁接技术

(1)苗床设置 苗床应选择地势平坦、背风向阳、排水良好的地方,东西方向做床,南低北高,便于采光。床宽130～150厘米,长度依照地形和嫁接体多少而定(每平方米可存放嫁接体3 000株左右),床基略高于地面。建床时用温床四周的泥土做床埂,埂高25～30厘米。嫁接体进床前,将床内的土挖10厘米深,然后用钉耙破碎土块,搂平、灌足水,搅拌成泥浆,沉淀后表层要有近1厘米的水层。

(2)剪取接穗 一般在嫁接前15～20天进行,与一般接穗的采集和贮藏相同(见嫁接部分)。

(3)嫁接方法 一步成园最好采用袋接法,须严格把握削、剪、插、装(袋)、壅5个步骤,3月中旬至4月上旬为最适期。

(4)排嫁接体 将接好的嫁接体每20～30株一捆依次排入温床内,砧根埋入泥浆中8～10厘米,力求使穗头保持在同一水平面上,以利出苗整齐,但剪口及以上部分不得没入。嫁接体全部进床后,盖上筛过的细土,盖没接穗头2～3厘米,然后,在苗床上面搭弧形拱架，盖上薄膜，薄膜植入土中的部分离开嫁接体 5 厘米以上。拱架两端的薄膜必须易活动，便于观察和通风换气。

(5)苗床管理　“三分接七分管”，嫁接体进入温床后，关键是防烂芽，应采取以下措施：一是防高温。桑树形成愈伤组织的适温是 25℃～28℃，35℃以上就不能形成愈伤组织。即使砧木与接穗已愈合，高温也会灼伤穗芽。因此，要将床温控制在 30℃以下。若床温过高，应用草覆盖或揭开薄膜通风降温。二是忌过湿。嫁接体在床内的中后期，切忌过湿。如需补湿，可用喷雾器将水均匀喷洒在床面上，盖土湿润即可。覆盖薄膜时，薄膜必须超过床缘，埋入床埂外围，防止雨水流入床内。三是要通风。高温高湿的晴天中午，要注意通风换气。穗芽露青至脱苞期更应注意加强通风换气工作。嫁接体出床前 3～4 天，于晴天可逐步揭开薄膜炼苗，直至开叶。

2. 一步成园技术

(1)适时移栽　大田移栽须选择阴天或晴天 17 时以后进行。嫁接体在温床内经过 7 天左右，穗芽开始萌动；12～14 天开始脱苞；17～20 天至鹊口期；27 天左右长出 2～3 片叶子。从脱苞至开叶均为栽植适期，但以脱苞至鹊口期为最佳适期。

(2)合理栽植　成片桑园适宜栽植密度一般为1 000～1 200 株/667 平方米，栽植嫁接体时按定植密度标准在株间加倍定植，如计划成园后密度为 1 000 株，则按 2 000 株密度栽植嫁接体，株行距为 0.25 米×1.33 米。栽植前拉绳开挖等距栽植穴，然后按砧木大小和穗芽发育程度分类栽植，注意剔除僵芽，逐层覆入泥土，用小木棍壅紧根部、浇水湿根，最后用细土盖没穗头 2～3 厘米。已开叶的桑芽，栽时叶片要露出地面。移栽结束后在定植行上覆盖 0.3 米左右宽的地膜，可以保墒防雨，促进齐苗和早发。

(3)栽后管理　为达到当年培苗、当年成园、提早收益的目标，必须做好幼苗的培育管理：一是抗旱防涝。刚刚移栽的幼苗非常娇嫩，应注意防旱防涝，晴天干旱时浇水保苗，雨天及时排涝。二是适时摘心。当苗高达 20～30 厘米、长至 5～7 片叶时应摘心，促枝分叉；摘心后没有分叉的独苗须及时补剪，确保当年每株发条 2～3 根。三是勤肥料。幼桑生长期代谢旺盛，对肥料需求量大，应掌握勤施薄肥的原则，促进其快速生长，初期施以稀薄人粪尿为主，8 月底以后不宜再施肥，以防止枝条徒长。五是补缺和定苗。嫁接体移栽成活后即应做好补缺定苗工作。另外，为了保证苗木健壮生长，还必须坚持合理用叶，注意病虫害防治和清除杂草。

(三)扦插法建园

利用发根率高的优良桑树品种进行硬枝扦插或绿枝扦插，每 667 平方米扦插6 000～8 000 枝或移栽绿枝扦插苗2 000～2 500 株，在肥水充足条件下，当年秋季每 667 平方米即可生长达 5 000 条以上，达到速成丰产的目的。

(四)杂交种子直播法建园

利用杂交桑种子按一定密度点播，幼苗出土后注意疏苗和补苗，冬季每处留一生长粗壮、位置适当的苗，其余挖去。翌年按建园要求进行树形和肥培管理，以形成桑园。也可将杂交种预播在营养钵内，每钵留 3～4 株苗，1～1.5 个月后移栽至大田(每 667 平方米 2 000 钵)，当年秋季即可长成 6 000～8 000 条。利用种子繁殖，无须嫁接，大大缩短建园时间，降低建园成本，可实现当年育苗，当年建园，当年养蚕，当年收益，为速生丰产桑园建设开辟了新途径。杂交桑与一般嫁接桑树品种相比具有以下优点。

1. 投资少　每 667 平方米需各种费用 20 元左右，约占湖桑苗费用的 1/8，比栽嫁接苗省苗木费 130 元，可大量节约费用。

2. 见效快　普通嫁接苗栽植的桑园需 3 年才能成园，应用一步成园技术也需要 2 年。杂交桑 1 年就能成园，当年每 667 平方米可饲养秋蚕1.3张，比湖桑提前1～2年成园。如江苏省东台市富东、唐洋、新街等乡镇建成了丰驰桑速成丰产桑园680公顷，栽植密度为3 000株/667平方米，全年可3次条桑收获养蚕，栽植当年和翌年的产叶量可达2 708千克/667平方米

3. 效益高　与湖桑一步成园比较，在桑园成园的2年中，种植杂交桑每667平方米可增加养蚕收入近1 300元(表5)。

表5　杂交桑与湖桑32号一步成园2年效益比较

(每667平方米平均值)

品种	第一年			第二年									两年累计		
	秋蚕(张)	产茧(kg)	茧款(元)	春蚕(张)	产茧(kg)	茧款(元)	夏蚕(张)	产茧(kg)	茧款(元)	秋蚕(张)	产茧(kg)	茧款(元)	养蚕(张)	产茧(kg)	茧款(元)
丰驰桑	1.3	49.8	856.7	1.2	49	760.4	1.0	30	445.8	1.5	60.5	947.7	5.0	189.3	3010.6
湖32号	0.6	22.8	396.7	0.6	25.2	388.1	0.3	11.4	165.6	1.3	49.4	770.8	2.8	108.8	1721.2

4. 节省用工，提高养蚕工效　杂交桑可以实行全年三次条桑收获养蚕，在管桑方面可免去夏伐、修剪枯枝、剪梢等工序，条桑养蚕可比普通建园节省用工40%以上。

5. 抗御市场风险能力强　杂交桑易繁殖，速成丰产。市场行情不稳时，改茬简单、损失小，对市场经济发展适应能力强。

思考题

1. 如何进行桑园的规划？
2. 桑树栽植的步骤与方法有哪些？
3. 简述桑树嫁接体一步成园的技术和方法。

第五章　桑树树形的养成与桑叶收获

一、桑树树形的养成

栽桑的目的是要获得量多质优的桑叶，而剪伐就是达到这个目的的重要手段。栽培的桑树常通过修剪技术，将其养成一定的树形，这一技术过程即树形养成。通过养成，能使桑树树形整齐，方便操作；使树体充分利用空间和光能，提高桑叶产量和质量；集中养分、减少花果；增加产量、提高叶片质量；促进生长、保持养树势；减少病虫害等。同时，通过修剪，打破树体原有的平衡关系，由于桑树再生能力较强，经过一段时间会建立新的平衡关系，在此过程中，修剪起着局部促进和整体抑制的双重作用，并会影响桑树根系的生长。因此，在栽培桑树的过程中，必须根据桑树的生长情况和生产的需要，正确而灵活地运用修剪技术。

桑苗定植后，按照生产需要进行人工剪定，养成一定的树形。树形种类很多，通常是以树干高度来划分，一般分为地桑（无干桑，25 厘米以下）、低干（25～70 厘米）、中干（70～150 厘米）、高干（150 厘米以上）和乔木桑几种。桑树养成一定树形后，又因剪伐时基部残留的长短而有拳式和无拳式 2 种。现就低干、中干、高干桑树形养成方法及其特点予以介绍。

（一）低干桑养成法

1. 养成方法

第一年桑苗栽植后，在离地 15～20 厘米处剪去苗干，即为主干。当新芽长到 10～15 厘米时，选留顶部生长健壮、着生位置匀称的新芽2～3个，其余疏去，当年养成2～3根枝条，晚秋蚕时可采叶，但每根枝条梢端必须保留7～8片叶以进行光合作用，以利于桑树生长。当年养成2～3根枝条。

第二年桑树发芽前，离地面30～50厘米处春伐，养成第一支干。发芽后每根支干上端选留2～3个新梢生长，其余疏去，每株养成4～6根枝条，到中秋蚕期，自下而上采枝条上1/2叶片养蚕。

第三年饲养春蚕尽量提早剪伐，在离地面50～70厘米处剪断，养成第二支干。发芽后，每支干上端选留2～3芽生长，每株养成8～12根枝条。以后每年都在枝条基部剪伐，利用潜伏芽生长，即可养成拳式。

第四年起，就可照成年树一样在春壮蚕期采叶后夏伐（图22）。

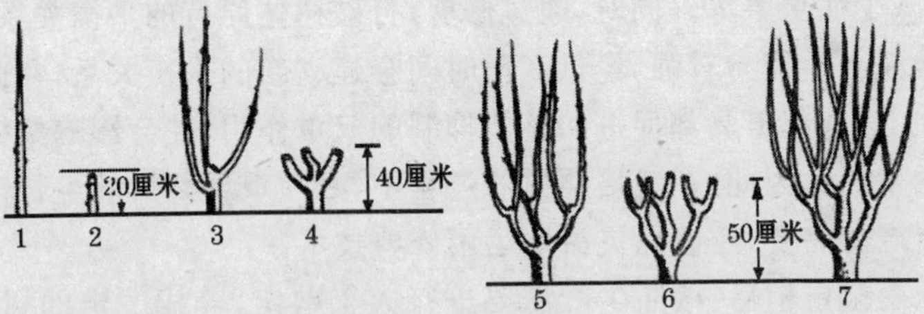

图22 低干桑养成

1. 栽植当时 2. 第一年春剪干 3. 第一年秋 4. 第二年春伐 5. 第二年秋 6. 第三年夏伐 7. 第三年秋季树形养成

2. 低干桑养成法特点

第一，养成时间短，收益早，但树势易衰败，树龄较短。

第二，枝干少而短，偏重营养生长，在良好的肥水条件下，枝叶生长快，丰产性高。但由于树干低，根系分布浅，易受旱、涝害，且下部泥叶较多。

第三，树冠面积小，适合密植，单位面积株数多，易达到丰产群体结构的要求。但用苗多、肥水量大且成本高。透风透气较差，易受病虫危害。

第四，采叶、伐条、剪梢、整枝及病虫害防治方便，但耕翻、施肥、除草等管理花工较多。

(二)高干桑养成法

1. 高干桑养成方法

第一年在桑苗栽植后一般在离地 50～70 厘米高处剪定，发芽后，新芽长到 15～20 个时疏芽，选留健壮和位置匀称的 3 个芽，其余疏去，当年可养成 3 根枝条。

第二年春发芽前，离地面 80～90 厘米春伐，养成第一支干。发芽后第一支干选留健壮和匀称的 2 个新梢，其余疏去，当年可养成 6 根枝条。

第三年春季发芽前，在离地面 100～120 厘米处春伐养成第二支干。发芽后每支干保留健壮和匀称的 2 个新梢，当年养成 12 根枝条。

第四年春季发芽前，在离地面 120～150 厘米剪伐，养成第三支干。发芽后每一支干保留健壮和匀称的 2 个新梢，当年养成约 24 根枝条。

第五年进行夏伐，在离地面 130～165 厘米高处剪伐，养成第四支干。以后每年在枝条基部剪伐(图 23)。

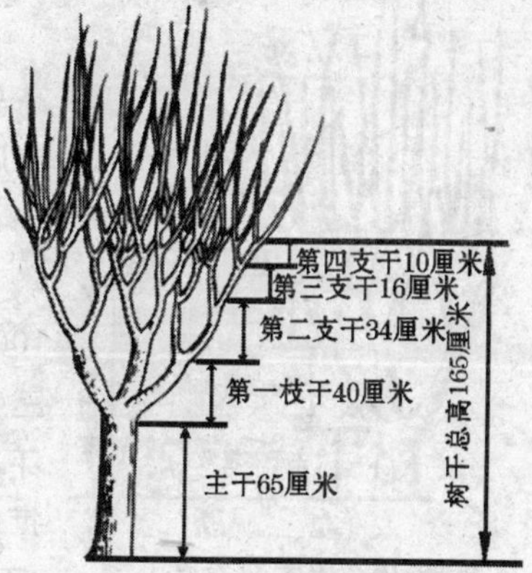

图 23　高干桑养成

2. 高干桑养成法特点

第一，高干桑根系发达，能吸收土壤深层的养分和水分，抗旱能力较强，树势健壮，树龄也长。

第二，由于树冠高大通风透光，桑叶成熟快，水分含量较少，叶质充实，特别适于春季稚蚕用叶，但花果较多，叶型小，秋叶硬化也早。

第三，木质充实，抗寒力强，不易遭受霜害，但支干较多，树形养成年限长，从定植到盛产期时间长，收益慢。

第四，由于树干高，枝叶不易被洪水淹没，故泥沙叶少，但易受风害。

第五，施肥、中耕除草等作业方便，但采叶、疏芽、伐条、整枝修剪及病虫害防治等操作不便。

(三)中干桑养成法

中干桑的特点介于低干桑与高干桑之间，其养成步骤如下。

桑苗栽植后，春季发芽前，离地面 30～50 厘米高处剪定，养成主干。当新芽长出后，选留上部生长健壮、着生位置匀称的新芽 2～3 个，其余疏去。当年养成 2～3 根枝条。

第二年春季发芽前，在离地面 65～70 厘米处剪定，养成第一支干，发芽后每支干选留分布均匀而健壮的新梢 2～3 根，其余全部疏去，每株留 4～6 根枝条。

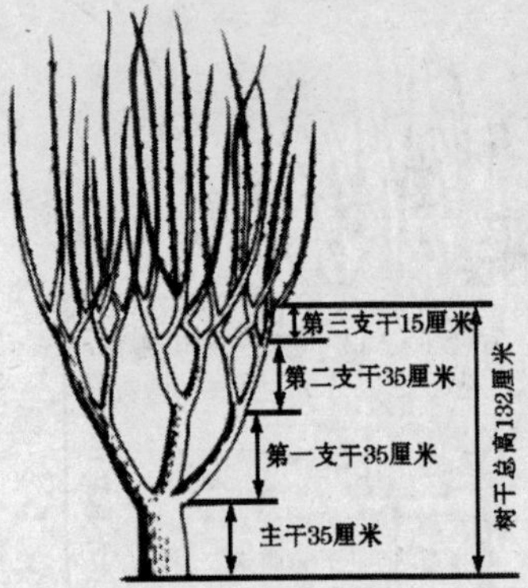

图 24　中干桑养成

第三年春伐离地面 100 厘米高处左右剪定，养成第二支干，发芽后每支干留 2～3 芽，每株养成 8～12 根枝条。

第四年春蚕采叶后，在离地面 100～120 厘米高处剪定，养成第三支干。发芽后每支干留 2～3 芽，每株养成 16～24 根枝条，以后每年在枝条基部剪伐养成中干桑(图 24)。

(四)拳式树形特点

第一,树形整齐,方便施肥、除草、治虫、中耕等操作,省劳力,有利于机械作业。

第二,夏伐时从枝条基部伐条,由潜伏芽萌发抽条,萌发时间较迟,单株发条数较少,故单株产叶量低。

第三,由于年年齐拳伐条萌发,桑拳易衰败。个别拳死亡后,不易补拳。

第四,树形不展开,适于机械耕作。

(五)无拳式树形特点

第一,由于夏伐时提高伐条,由休眠芽萌发抽条,且发芽较早,发条数较多。

第二,树干逐步提高,树冠不断扩大,在良好的肥水条件下,增产速度快。如树形过高,要做降干处理。

第三,剪条要有一定技术,否则树形容易紊乱。

第四,提高伐条,容易发生枯桩,有滋生桑象虫的危险。

二、桑叶收获

栽桑的目的是采叶养蚕,而桑叶又是桑树的主要营养器官,具有制造有机物质的生理机能。采去部分桑叶后,势必影响桑树生命活动的正常进行,在采叶和养树之间存在着一定的矛盾。因此,在栽桑和收获桑叶过程中,必须了解采叶和养树之间的关系,做到采养结合。所谓采养结合,就是在采叶的同时,要考虑到养树,而养树的目的是为了下期或翌年采收更多的桑叶,以达到持续稳产高产。

(一)收获方法

应根据一年中养蚕时期和桑树生长情况,分期、分批采用各蚕龄的适熟叶来收获桑叶。收获方法的恰当与否,对桑树生长影响很大,要在保证桑树正常生长的前提下,采摘桑叶。

桑叶的收获除春叶外,还有夏、秋叶收获和条桑收获等。收获桑叶的基本方法有摘叶法、采芽叶法和剪条法 3 种。摘叶法是单摘叶片,在小蚕期或夏、秋蚕期应用;采芽叶法在春蚕大蚕期应用,收获的芽叶直接饲蚕;条桑法是连条带叶剪取条桑,直接饲蚕,夏伐收获,出扦收获,春伐留条和留芽收获的桑树春季壮蚕收获期,以及春伐桑树夏蚕期、夏伐桑树秋蚕期疏条及重剪梢等均属此法。一般春季桑叶产量以芽叶计算,夏秋季桑叶产量则以片叶计算。桑叶收获时期因地区而异。大多数蚕区饲养春蚕外,还饲养夏、秋蚕 3～4 次,其桑叶收获要点如下。

1. 春叶收获　春季是桑叶生长和养蚕的最佳季节,一般 4 月下旬至 5 月初开始收蚁养蚕,5 月下旬至 6 月上旬上簇结茧。春蚕一至二龄期选采新梢上的适熟嫩叶,三至四龄期采用枝条中下部的止心芽(三眼叶),五龄蚕期采全部芽叶,并将枝条剪去。先采止心芽,后伐新梢芽叶,能使春叶增产 5%～10%。条桑育时,剪取条桑饲蚕。春蚕期后伐条称夏伐。桑树夏伐,有维持树形、更新枝条、增产桑叶的作用。夏伐后,桑树转入重新发芽阶段,经过7～8 天即可看到桑拳上的潜伏芽或休眠芽萌发生长。

2. 夏、秋叶收获　夏、秋是成林桑园夏伐后恢复生长时期,也是长条、长叶时期。只能分期、分批采用一部分桑叶,留适量桑叶继续进行光合作用,制造养分。如果采叶过度,会使桑树生长不良,影响翌年春叶产量。夏蚕一至三龄采摘适熟叶;四至五龄采摘疏芽叶和枝条下部叶,杂交桑可结合五龄条桑育伐条用叶。夏秋采叶要摘叶留柄,保护腋芽不受损伤,夏秋季采用小蚕用桑与春蚕期相同。饲养夏蚕(大蚕用叶)主要利用桑树疏芽叶并采摘新梢基部 4～5 片桑叶,夏蚕饲养数量较少。饲养三期秋蚕时,每次采用大蚕用桑叶都自下而上采摘,每根枝条上端必须留 8～10 片叶。

3. 条桑收获法　是在四龄蚕期剪取桑树条桑(连枝带叶)养蚕的一种采收桑叶的方法。用条桑直接养蚕,可免去采叶工序,减少每天的给桑次数,可节约劳力和桑叶。全年条桑育的条桑收获方法如下。

(1)春伐法　在春季发芽前将枝条从基部剪去为春伐。春蚕五龄期约在 5 月中旬末期,此时新梢已长至 70～80 厘米,此时采用疏删芽叶养蚕。早秋 8 月中旬进入五龄期,此时条长150～160 厘米,留条长 80 厘米,剪取上部新梢养蚕,剪梢后每根枝条顶端能长出 2～3 根新梢。晚秋蚕 9 月底进入五龄期,新梢长至 70～80 厘米,剪取新梢养蚕,老条上部留叶 3～4 片。

(2)夏伐法　一年 3 次条桑育蚕,即春蚕新梢育,早秋删芽育和晚秋剪梢育。上年晚秋留条约 80 厘米剪梢养蚕,春蚕三至四龄采止心芽和短小新梢,五龄饷食后,约在 5 月中旬末期,这时新梢长约 80 厘米,采新梢养蚕。夏伐后少疏芽或不疏芽,不养夏蚕,8 月初早秋收蚁,8 月中旬进入五龄期,这时新梢长至 80 厘米左右疏芽条桑育。晚秋 9 月中旬收蚁,月底进入五龄,留条 80 厘米,剪取梢部约 80 厘米养蚕,老条上部留叶 3～4 片。

(3)春夏轮伐法　就是在同一桑园内隔行轮流采用上述两种方法。在第一年,甲行采用夏伐法,乙行采用春伐法;第二年甲行改用春伐法,乙行改用夏伐法,如此交替采伐。其优点是一年中的条桑收获次数增多,可由 2 次增加到 5 次,基本实现全年条桑育。

(二)广东的桑叶收获方法

广东省地处亚热带,气温高,雨量充沛,桑树生长周期长。同时广东桑生长势强,耐剪伐,一年中能养蚕七八造(次)。广东的多次采叶养蚕,具有明显区域性特点。因此,广东桑园传统的剪枝和收获方法有多种形式,目前广东省在生产上常用的剪枝形式有冬根刈、冬低中刈和留大树尾等。近年来随着蚕桑生产向省力、规模化方向发展,桑叶收获方法逐步向全年条桑收获法转变。

1. 冬根刈桑的剪枝和收获方法 冬根刈在每年冬至前后10天进行。用桑剪平地剪去上部枝条,要求在晴天进行,剪口要平滑,剪面宜稍斜(剪面在芽的反面)。如枝条过于粗壮难剪,可用小锯代剪,切忌用镰刀等砍破桑树基部的皮层和木质部。冬根刈是广东省传统的剪枝形式,也是目前蚕区主要的剪枝形式,是枝条更新的基本方法。优点是在桑树休眠期根刈,对桑树伤害少,同时利于冬季清除病虫源,翌年春花果少,减少营养损耗;缺点是春季产叶量低,不利于春季多养高丝量品种,且沙泥叶多,叶质差,易受蟋蟀、蝼蛄为害。

冬根刈桑的收获方法主要有以下几种。

(1)上三造叶桑、下三造枝桑 这是广东省原老蚕区常采用的收获方法。各造的收获时期及方法如下。

头造(3月):生长期70～80天,先去荫、弱枝,留2～4条壮枝,采叶桑留上部7～8片。

二造(4月下旬):生长期25天,留6～7片叶,其余摘下,使桑园通风透光。

三造(5月):生长期25天,采全部叶片并打顶,促使桑树萌发横枝。

四造以后,均采横枝桑,每造生长期40～45天,收获时剪留新梢基部2～3个芽(驳枝上),次造驳枝上形成"空中密植",其中第五造采桑后降枝(可结合采桑同时进行),留90～100厘米,以缩短秋期水分和养分的运输途径。

(2)春打顶,二至六造采枝桑 头造当枝条长至90厘米时打顶(分批进行,使枝条高度一致),采叶桑。从第二造开始均采枝桑，每造生长期 40～45 天，采枝桑时“两升一降”（或“一升一降”），即第二、第三造剪枝桑时留新梢基部 2 个芽驳枝上；第四造在第二造横枝萌发部位以下剪采（降低主干 7 厘米左右）；第五造继续驳枝上，第六造全芽收获。部分地区头造不打顶，收获时在 80～100 厘米处剪采上部枝条，全年均可收获枝桑养蚕。

（3）头、二造采叶桑，三至六造采枝桑　此法与上法相似，只是头造摘叶不打顶，二造采叶同时定位（95 厘米）剪梢，以后三至六造采枝桑。

一些地方在收获枝桑时分批收获，即当枝桑生长至 35～40 天时收获下部成熟叶，过 20 天后再剪枝桑。此法能有效地减少黄叶，保持桑园通风透气。

2. 冬低中刈桑的剪枝和收获方法　冬低中刈是在冬期剪留主干 20～30 厘米（低刈）或 40～50 厘米（中刈），并清除病弱枝。剪枝时间和剪口的要求与冬根刈相同，是在原冬根刈基础上发展起来的另一种主要剪枝形式。由于剪枝主干提高，春期避免了地下害虫为害并减少下部泥桑，叶质较好，并且春期发条数增加，头造桑叶产量高，有利于多养高丝量蚕品种，而且各造产量较均衡，全年产量高。

第一造除弱枝、留壮枝（原有枝条上每枝留当年新生壮枝 2～3 条）摘叶；第二造摘叶并打顶，第三造剪横枝桑后适当降枝（约剪留头造新枝 20～40 厘米），以后造驳枝上（剪枝桑时留基部 2 厘米）收获横枝桑。

头造摘桑叶后即行挫莛（离地面高 95 厘米左右，或壮枝不摘叶，而定位剪梢用枝桑养蚕），从二造开始造驳枝上收获枝桑或“一升一降”、“二升一降”，控制树形的高度（头造壮枝距地面高 90 厘米左右）。

低中刈桑的第二级枝条（当年生枝条）也可以长留过冬（距地面高 70～90 厘米剪去上部枝条）。

3. 大树尾桑的剪枝或收获方法 大树尾桑的剪枝是在冬期剪留主干高60～120厘米，并清除病、弱枝。大树尾是利用广东桑树再生功能旺盛，逐造增加横枝，形成空中密枝，从多枝多叶获得较高产量的一种剪枝收获方法，尤其是头造，由于提高了主干，增加了有效枝条，使头造桑叶产量显著提高，利于春季多养高丝量蚕品种。蚕种厂原蚕桑园采取冬留大树尾的剪枝方法，不但可以提高春季桑叶产量，增加原蚕饲养量，而且由于提高了桑叶的质量，从而提高制种成绩。根据冬留大树尾后翌年的剪伐方法，又分为大树尾春刈、大树尾夏刈和全年大树尾3种，而以全年大树尾为主。

(1)大树尾春刈 冬至前后10天剪去枝条尾部1/4～1/3(或留干高100～120厘米)，并把病虫危害枝和弱枝剪掉，让当年枝条上的冬芽翌年春萌发成新梢枝叶，这样可减少翌年春花、椹，使养分集中，提高头造产量。

收获时，头造将全部横枝采光，或先采荫弱枝、止心芽，隔一周左右采一般横枝。然后进行春刈。春刈早的可进行根刈，但过了清明节，雨水多，地下害虫多，此时可行低、中刈。头造刈枝后，二造停养一造，经50～60天可采第一次叶(第三造)，方法与冬根刈头造基本相同。以后各造的采摘方法可参照冬根刈。

大树尾春刈又可采取翻枝大树尾的方法提高质量：头造采横枝后，把主干降至60～70厘米高，再由主干长出新枝，采叶后留壮枝及新枝驳枝上。

大树尾春刈头造产量高，叶质好，适于春季多养多丝量品种，秋季产量也较高。但头造花果多，翻造迟，第二造基本不能采叶，全年产量略低于冬根刈，而且在生长期剪枝，对桑树生理影响较大。近些年不常用。

(2)大树尾夏刈 此法与大树尾春刈基本相似。冬季留80～100厘米大树尾，头造同样分2次采叶：采荫、弱枝、止心芽和壮枝部分成熟叶，隔10天后摘壮枝顶芽，再过5～7天后收获全部叶片；二造采横枝桑并剪降头造壮枝一半；采第三造或第四造横枝后，即行根刈或低中刈，其中以低中刈居多。剪得早，则四造无叶，剪得迟，则五造无叶。刈枝后的采摘方法与大树尾春刈相似。当年夏刈后不宜再根刈，而多留大树尾或中刈。

大树尾夏刈上三造和七八造桑叶产量高，有利于春秋季多养多丝量蚕品种，尤其是蚕种场原蚕桑园采用这一形式，可以增加原蚕桑量并提高桑叶质量。夏刈由于夏季桑叶产量低，减轻双夏大忙季节劳动力不足的压力，缓和夏季桑叶产量高与夏蚕难养的矛盾。但由于夏刈在高温、生长旺盛期进行，树液流失多，对桑生理影响很大，容易诱发桑青枯病。

(3)全年大树尾　从大树尾春刈改进而来，是利用广东桑再生能力强的特点，逐造增加横枝以形成空中密枝，是多枝多叶获得较高产量的剪枝收获方法。全年大树尾桑能通过空中密枝，增加有效枝条，头造及全年产量较高，各造产量较平衡，有利于蚕造安排。该法在冬季留主干高 60～80 厘米，翌年头造分 2 次采叶：第一次采弱枝、止心芽以及壮枝的成熟叶，第二次在壮枝生长有 60 厘米长左右采全部叶片并摘莛(最好在采叶前七天摘莛)；第二造采枝桑；第三造采枝桑后降头造壮枝的 1/2，以后造采横枝桑并驳枝上。

4. 全年条桑收获法　全年收获 5 造，每隔 40～45 天收获 1 造。具体做法是：在冬季剪枝留干 30 厘米高，翌年第一造在新枝 10 厘米处剪去，其后每造于当造新枝 3 厘米处剪去，到冬季修枝时，在当年第一造枝条 3 厘米处剪去，翌年收获条桑的方法与上一年相同。为保证蚕吃到成熟桑叶，在每造收获前 1 周挫芽。

全年条桑收获法因省时省工，又能适应省力化养蚕条桑育的需求，最适宜规模化养蚕专业户和农庄采用。调查结果表明，此法收获的桑叶产量与全年叶桑收获法相仿，比上三造采叶下三造采枝桑法的产量高。

(三)采叶与养树

桑叶的收获是目前蚕桑生产劳动中强度最大的环节之一,省力化是桑叶收获改革的必然趋势,但还要注意采养结合,避免采伐过度,要合理收获。所谓合理收获,就是根据桑树不同生长发育时期,在收获桑叶时,要保留合理的一定的叶面积,以进行光合作用,制造养分,维护桑树正常生长。因此,在生产中必须协调好采叶与养树的关系。

(四)桑叶的收获量

1. 桑园产量

(1) 生物学产量与经济产量

①生物学产量:是指桑树各器官(包括根系、树干、枝条、叶片、芽和花果)的总质量。

②经济产量:是指桑树利用价值最高的那部分器官的质量,即桑叶产量。

③收获指数(经济系数):是指经济产量与生物学产量之比,一般成林桑园的收获指数在0.45~0.6。

通常所称的亩(667平方米)桑产叶量是以春蚕期芽叶量(片叶和新梢梗),夏蚕疏芽叶和秋蚕期的叶片量(叶片和叶柄)的总和计算的。

(2) 枝条是桑叶产量的基础

单位面积产叶量=单位面积总条数×平均条长×单位条长产量

增加单位面积总条数或平均条长,或提高单位条长产叶量,均可增加单位面积桑叶产量。一般每667平方米桑园的总枝条数大多在5 000~10 000条,平均条长在1~1.5米。高产桑园的总条长(有效条)一般每667平方米控制在8 000~10 000米。

2. 桑园产叶量测定　桑叶是养蚕的物质基础，正确预测桑叶产量，对制订养蚕计划，保证叶、蚕平衡有着重要作用。桑叶产量因品种、树龄、树形、肥培管理、收获时期及气候条件等不同而存在很大差异，应根据当年的具体情况，并参照历年产叶量进行预测，减少误差。桑叶产量的预测方法主要有以下几种。

(1) 春叶估产

① 枝条长度测产法：在冬季落叶至翌年春季发芽前，按桑树生长情况将桑园分类，在各类桑园中采取对角线法，每类抽取有代表性的桑树 10～20 株，调查总条数与单条长，计算出平均条长，并根据栽植密度算出每 667 平方米总条长，最后乘以每米条长产叶量(一般桑每米条长产叶量为 0.1 千克左右)，即为每 667 平方米春叶产量。每米条长产叶量，湖桑品种一般在 80～150 克，较差的桑园可按 90 克左右计算，较好的按 100～110 克计算，丰产桑园则可按 130～140 克计算。其计算公式如下。

平均每株条长(米)＝调查株总条长(米)/调查株数

667 平方米总条长＝平均每株条长×667 平方米株数

667 平方米产叶量(千克)＝每米条长产叶量(千克)×每 667 平方米总条长

通常，春蚕的每 500 克茧用桑量为 7～7.5 千克，张种用桑量为 550～650 千克。根据预测春叶产量，并结合其他因素，可确定春蚕的饲养量，再根据各期蚕的饲养比例(一般春、夏、秋蚕的饲养比例为 5∶1∶1)，确定夏秋蚕的饲养量。

② 芽数测产法：发芽前按枝条长度测产法抽样，调查总芽数，然后以每 667 平方米总芽数除以每千克桑叶所需的芽数，即为每 667 平方米春叶产量。一般湖桑品种每千克桑叶所需冬芽数可按 200～240 个计算，如果调查的是发芽数，则可以 130～170 个折算成 1 千克桑叶计算。

③ 实测法：影响估产正确性的因素较多，为了提高估产的正

确性，可在春蚕三龄前后对原来抽取的样株采取芽叶称量，求出平均单株产叶量。

(2)夏秋桑叶收获量预测　夏蚕期用叶多为疏芽叶和采枝条下部叶片，一般成林桑园夏蚕饲养量可按春蚕的20%～25%预定蚕种。

各地气候条件不一，桑树生长情况差别较大，秋蚕饲养时期及次数也很不相同。一般黄河流域饲养秋蚕1～2次，长江流域2～3次，珠江流域5～6次。大都在前次蚕结束、后次蚕饲养前进行桑叶估产，确定饲养数量。秋蚕分批采摘片叶饲养，估产时随机取样10～20株，调查每株平均总叶片数，再加上从估产到5龄用叶时可能长出的叶片数(江浙地区在6～8月间平均每2天抽长1片新叶)，减去计划留叶数，即得平均每株预计收获的总叶数，然后除以每千克叶片数，得出平均每株收叶量，最后乘以实际株数，即为预计收叶量。每千克叶片数的正确与否，对估产正确性影响较大。一般湖桑品种秋季每千克桑叶的叶片数在160～240片。

调查株数可采叶总叶片数＝调查株数现有叶片数＋可能增长叶片数－计划保留叶片数

平均单株可采叶片数＝调查株数可采叶总叶片数/调查株数

平均每株采叶量(千克)＝平均单株可采叶片数/千克片叶数

667平方米产叶量(千克)＝平均每株采叶量(千克)×每667平方米实际株数

思考题

1. 桑树形养成有几种类型，各自特点是什么？
2. 怎样养成高、中、低干树形？
3. 桑树收获方法有哪些？
4. 为何预测桑叶产量，如何进行？

第六章　桑园施肥

桑树是多年生的叶用植物，每年养蚕采叶，需要消耗大量的养分。若桑树枝条和桑叶被采去后，不及时补充肥料则桑树生长不好，桑叶变黄或变薄，叶质差，产量下降。因此，必须根据桑树的生长情况施用肥料，以满足桑树生长的需要。

一、施肥量

桑树吸收的养分，一部分来自土壤，一部分来自肥料，而施入土壤的肥料利用率存在差异。肥料施用量一般用以下公式表示：

$$F=(Ne-Ns)/Rt$$

中 F 代表养分施用量，Ne 代表桑树吸收的养分总量，Ns 代表土壤提供的养分量，Rt 代表肥料利用率(通常为常数)。

因此，每单位面积桑树的施肥量，应根据获取高产优质桑叶量、桑树正常生长所需的养分、桑树品种、生长期、地力情况以及所施肥料种类等来决定。在生产实践中，往往施下的肥料不是全部被桑树所吸收利用，一般被利于的氮肥只有 60%、磷肥为 20%、钾肥为 35%。每采摘 50 千克桑叶，土壤中就要消耗 1 千克氮、0.375 千克磷和 0.565 千克钾。为了满足桑树的生长需要，应视桑树的生长势和采摘枝、叶的情况施足肥料，提高土壤肥力，促进桑树持续旺盛生长，多产桑叶。

二、施肥时期

桑园施肥要根据桑树生长、气候、土质、肥料特性和养蚕生产的要求而定。春、夏、秋、冬各季节施肥的量和肥料种类的要求各有不同。

(一)冬　肥

冬季降水少,气温低,桑树进入休眠。冬肥是基础肥,主要为改良土壤、提高肥力、为桑树越冬创造优良的条件和翌年增强树势、增产桑叶奠定基础,因此应施迟效性的有机肥。冬肥一般在桑树停止生长后至土壤封冻前施入,其施肥量占全年施肥总量的15%,一般每667平方米施厩肥1 500千克。

(二)春　肥

又称催芽肥。春肥能促使春梢枝叶生长旺盛,提高春叶产量,而且能促进夏芽的萌发和夏季枝叶生长。春肥一般掌握在3月下旬和4月中旬、春季桑树发芽前施入,以速效肥为主,施肥量可占全年施肥总量的30%,一般每667平方米施尿素35千克或100千克复合肥。

(三)夏　肥

又称谢桑肥。夏肥既要医治春叶采摘和夏伐时的人为损伤,又要满足6～7月份桑树进入旺盛生长期急需从土壤中吸收大量营养元素的需求,是一年施肥的重中之重,应占全年施肥总量的40%以上,以速效性肥料为主,一般每667平方米施尿素50千克或碳铵110千克,过磷酸钙50千克,氯化钾20千克,也可施用或配合施用一些有机肥。于夏伐后7天内和夏蚕用叶后2次施入。施肥应注意天气情况和施肥方法,以提高肥料的利用率。

(四)秋　肥

又称嫩壮肥。8月份以后桑树生长功能开始减弱,加上常遇秋旱，要做好抗旱保持土壤湿润，同时注意补施肥料，使桑叶不致过早硬化、落叶，增加秋叶产量，促使桑树累积养分，充实枝条，为翌年增产打下基础。秋肥一般在8月下旬前施入，以速效肥为主，秋肥应占全年施肥总量的15%。另外，为了提高桑树的抗寒能力，应控制氮肥的用量，适当增加磷、钾肥，因此一般以施复合肥为好。另外秋肥施用不宜过迟，否则在桑树生长后期枝梢过于嫩弱，易遭冻害。

三、施肥方法

要发挥肥料的作用，减少肥料的损耗，必须采取科学合理的施肥方法。施肥方法可视实际情况而定，大体上可分土壤施肥和根外施肥2种。

土壤施肥要把肥料施在根系分布的地方，以提高桑树对肥料的吸收利用。土壤施肥可根据肥料种类、桑树栽植密度选用穴施、沟施和撒施等方法。

（一）沟　施

是在桑树行间或离树干30厘米左右开沟施肥，一般用于密植桑园。沟的宽深由施肥量和肥料种类来决定，一般沟的深宽为20厘米×30厘米左右，施肥后要立即覆土盖平。

（二）穴　施

是在桑树植株间离树干30厘米左右开穴施肥。穴的大小深浅应根据肥料的种类、施肥的数量及桑树的大小而定。树小施肥量少，开穴宜小而浅；树大施肥量多，开穴宜大而深。每次开穴应变换位置，以利桑树根系均衡发展。施肥后应立即覆盖平整。

(三)撒 施

撒施是将肥料均匀地撒在桑园的地面上,再通过土壤耕耘把肥料翻入土内的一种施肥方法。一般结合冬耕、春耕进行。

(四)注意事项

为了使桑树多吸收养分,不浪费肥料,发挥肥料的效益,要求作到合理施肥。桑园施肥应以有机肥为主,化肥为辅,做到速效性肥与迟效性肥、有机肥与无机肥和氮肥与磷、钾肥配合施用。尤其要注意有机肥料需经堆沤腐熟后施用才容易被吸收利用。施肥时如需 2 种以上的肥料配合施用,须注意肥料性质,以免配合不当,降低肥效。

四、桑园常用肥料品种

(一)有机肥料

有机肥料是指含有大量有机物质的肥料,如厩肥、堆肥、绿肥、人粪尿、饼肥、泥肥和蚕沙等。有机肥料由于含有丰富的有机质,必须经过腐熟处理,施入土壤后才能被植物吸收。有机肥效较好而持久,但施用后见效较慢,所以又称为迟效性肥料。施用有机肥料可以增加土壤中的腐殖质,改良土壤结构,提高土壤保水、保肥能力。是一种适合桑树生长和发育需要的完全肥料。

(二)无机肥料

无机肥料是指除有机肥之外的其他肥料,大多由化学方法合成或将矿石直接加工精制而成的。无机肥特点是易溶于水,容易被桑树吸收利用,故称速效性肥料。施用无机肥后桑树生长迅速,增产作用明显。但由于其成分单一,易流失,配合施用有机肥或其他肥料效果更好。桑园常用无机肥料如下。

1. 氮　肥

(1)尿素[$CO(NH_2)_2$]　一般含氮44%～46%,施后不宜立即淋水,以免尿素渗至深层降低肥力,在石灰性土壤中使用,也会有氮素挥发损失,要深施后覆土。还可将尿素配成0.5%的肥液做根外施肥,喷洒到桑叶面上,提高桑叶的产量和质量。

(2)硫酸铵[$(NH_4)_2SO_4$]　含氮20%～21%,宜做桑园追肥用。在石灰性土壤施用易结成硫酸钙,造成土壤板结影响土壤结构,降低保水、保肥能力。

(3)硝酸铵(NH_4NO_3)　含氮33%～35%,一般在桑园中宜做追肥使用,应施到桑树根系附近,使其尽快吸收利用。

(4)碳酸氢铵(NH_4HCO_3)　含氮17%左右,由于碳酸氢铵分解时氮素大量挥发,易灼伤桑叶,因此,在桑园施肥时不宜撒施,应适当深施。

(5)氯化铵(NH_4Cl)　含氮24%～25%,可做基肥或追肥施用,施肥后要覆盖土。氯化铵不宜施在盐碱地,以免增加土壤中的氯离子而危害桑树。

2. 磷　肥

(1)过磷酸钙[$CaH_4(PO_4)_2$]　含磷酸12%～20%,副成分硫酸钙约50%,还含有2%～4%硫酸铁、硫酸铝等杂质。施用时要注意施到根际附近,每667平方米以施入20～35千克较为合适。如作基肥可与有机肥料混合施用,不要与钙质肥混施,否则会降低磷肥的有效性。也可配成0.5%～1%的肥液喷洒到桑叶上做根外追肥。

(2)钙镁硅磷肥(CaO、MgO、SiO_2、P_2O_5)　含磷酸14%～20%,氧化钙25%～30%,氧化镁15%～18%。宜做基肥。为了提高肥效,使用前先与有机肥混合或堆沤腐熟后再施用,每667平方米施用20～50千克。不要与氨态氮肥混合使用,以免氮素损失。

3. 钾　肥

(1)硫酸钾(K_2SO_4)　含氧化钾 48%～52%，施入土中即可被桑树直接吸收，也可被土壤胶体吸附。为了提高硫酸钾的肥效，在生产中多与氮、磷肥配合使用。

(2)草木灰(K_2CO_3)　是一种农家的钾肥，成分复杂，既可做基肥施用，亦可做追肥使用。

4. 复合肥

复合肥是含有氮、磷、钾元素中任何 2 种或 3 种营养成分和有机肥组成。其组成比例各地可根据蚕桑生产的需要配制成桑园专用复合肥。桑园复合肥含有效成分高、养分较全面，能适应桑树对多种营养元素的要求，因此增产作用明显。据多点多年试验结果表明，桑园施用专用复合肥可增产桑叶 10%以上。

五、叶面肥

(一)叶面施肥的作用

植物生长所需要的营养物质可通过土壤施肥为根系吸收利用，也可通过叶面喷施而得到补充。由于叶面施肥方法简单、成本低、见效快以及其独到之处，已逐渐成为土壤施肥的一种重要补充，并且发展成为农作物增产的一项有力措施。

土壤施肥是供应桑树营养的主要途径，但并不是惟一途径。同时土壤施肥也有它的局限性，不是在任何情况下都能很好地满足桑树对养分的需求。叶面施肥可以弥补土壤施肥的不足，可以及时有效地补充桑树生长必需的营养。而且，有些对桑树生长有良好作用的营养物质，只有通过叶面施肥才能被桑树吸收利用。

在桑树生长旺盛时期，有可能因干旱而使土壤施肥难以快速吸收利用，而很多化学物质能以水溶液的状态通过气孔和角质层

（主要是角质层）被叶子吸收。因此，用叶面喷施营养物质的方法（或称根外施肥），可及时补充桑树所需的营养元素。

在酸性土壤上，乙二胺四乙酸是稳定而有效的，但在碱性黏质土上，乙二胺四乙酸不够稳定，只有叶面喷施才有效果。如植物表现缺锰症状而土壤施锰效果不佳时，叶面喷施0.2%～1%硫酸锰，几天后缺锰症状就可消失；铜是较难转运的元素之一，缺铜时可叶面喷施0.2%～0.4%硫酸铜。

某些叶面肥料（如螯合态多元复合微肥）中含有抗病杀菌剂，对防治桑树病害、强健树体有独特的作用。

除上述优点外，叶面施肥还能增加桑园空气湿度、洗涤叶面尘埃和污染物，延缓桑叶老化、改善叶质，在干旱条件下效果更好。

（二）叶面肥料的种类和性质

近年来国内外研制和生产叶面肥料的单位很多。大多数叶面肥料是广谱性的，适合多种农作物使用。也有一部分是专用叶面肥料，适合某一种或几种作物使用。在桑树上试验或使用过的叶面肥料品种不少于 20 种，全国各蚕区每年喷施叶面肥料的桑园面积在 6.6 万公顷以上。

根据叶面肥料的成分可分成 8 个类别（表 7）。

表 7　桑树叶面肥料的主要类型及其成分

序号	类　型	主要成分	叶肥品种举例
1	叶面宝类	腐殖酸、微量元素等	叶面宝、喷施宝、植宝素、丰产灵、翠竹牌植物生长调节剂
2	LH-P 类	钛-维生素 C 螯合物或再加入微量元素	LH P 桑树叶面营养液、丰灵增产素（TS）、蚕桑宝等
3	绿叶宝类	核苷酸降解物、微量元素等	绿叶宝（桑叶助长剂 1 号）、桑叶助长剂 2 号

续表 7

序号	类 型	主要成分	叶肥品种举例
4	爱农类	邻醌类物质、微量元素等	爱农、爱多收、1.4%复硝钠(丰产素)等
5	绿芬威类	大量及微量营养元素	绿芬威的绿旺、绿宝系列及螯合态多元复合微肥等
6	植物健生素类	大量元素、氨基酸等	植物健生素
7	益植素类	硝酸稀土	益植素
8	其他	尿素、磷酸二氢钾等	尿素或磷酸二氢钾单独喷施

从表 7 可以看出，尽管桑树叶面肥料种类繁多，其成分不外乎是大量营养元素、微量营养元素及生理活性物质 3 大类。其中，生理活性物质有内源的和外源的 2 类。内源生理活性物质如维生素 C、核苷酸降解物、氨基酸等，桑树能自行合成，但在旺盛生长时往往满足不了自身的需要；外源生理活性物质如腐殖酸、邻醌类物质等，桑树不能合成。因此，及时补充这 2 类生理活性物质，与补充大量、微量营养元素一样，也能有效地促进桑树生长。

(三)叶面施肥的增产效果

在选用桑树叶面肥料时，除了应考虑成本以及能促进桑树生长、增加桑叶产量外，还要求对蚕、人、畜无毒性和不污染环境等。个别的叶面肥料品种存在抑制桑树生长、降低茧质的作用；也有的叶面肥在施用后严重影响蚕种生产。因此，在选择使用叶面肥品种时应谨慎。

据中国农业科学院蚕业研究所研制的“绿叶宝”，经过 3 年 6 个蚕期田间试验及各地农村多点中间试验，表现出增产桑叶稳定并能延缓桑叶老化，有利于提高叶质，而且，有效喷施浓度较低(仅 10～20 毫克/千克)，用量少、成本低(每 667 平方米桑园每个蚕期喷施 2 次仅需 1.5～2 克，成本 1～1.5 元)。

(四)注意事项

第一,要按照产品说明书的规定浓度喷施,切勿过高或过低。肥液浓度过高易烧灼桑叶,或对桑树生长有抑制作用;浓度过低,达不到预期的增产效果。如绿叶宝(即桑叶助长剂 1 号)在推荐使用浓度 10～20 毫克/千克浓度范围内有增产桑叶的作用,而在喷施浓度为 100 毫克/千克时则表现出对桑树生长有抑制作用。

第二,大多数叶肥品种,例如喷施宝、丰产灵、绿叶宝等都呈酸性,不宜与碱性农药混喷。

第三,一般每个蚕期喷施 2 次。第一次可在收蚁前 5～7 天喷施,10 天后喷第二次,作为壮蚕期用叶。

第四,喷施要均匀,桑叶正反面都要喷到。特别是桑叶背面,角质层薄,又分布有气孔,肥液易渗入叶肉起作用。因此,喷施要以叶背面为主,正反面兼顾。

第五,选择在无风的阴天或晴天喷施。早晨有露水、中午有烈日时不宜喷施。大多数叶面肥品种喷后如遇雨应进行补喷。

六、桑园绿肥

(一)桑园发展绿肥的意义

绿肥作物一般多为豆科植物,含有丰富的有机质和氮素而被广泛利用。绿肥含有机质 15%,氮素 0.3%～0.6%。若按每 667 平方米产鲜草 1 500 千克计算,则含有机质约 225 千克,氮素 4.5～9 千克。据估计,豆科植物总含氮量的 2/3 是由根瘤菌固定空气中的氮素而来的。据此计算,每 667 平方米产鲜草 1 500 千克的绿肥可固氮 3～6 千克,相当于硫铵 15～30 千克。

绿肥根系发达,根系有较高的阳离子交换量,加上分泌物的作用，吸收利用土壤中难溶性矿质养分的能力强。待绿肥分解后，大部分以有效态存在于土壤中被桑树吸收。

由于绿肥提供了大量的新鲜有机质和钙素，其根系又具有较强的穿插能力和团聚作用，施用绿肥有利于土壤团粒结构的形成，从而改善土壤的理化性质，加快低产土壤的改良。

丘陵地带桑园种植绿肥可减少雨水对土壤的直接侵蚀，减少水、土、肥的损失，起到固土护坡的作用。种植绿肥，由于茎叶蔓延可防止其他杂草丛生，同时节省了劳动力和桑园管理成本。

桑园绿肥种植以间作为主，即在桑树行间播种一定数量的绿肥。桑树与绿肥根系分布深浅不同，对养分要求有差异。间作使两者都扩大了各自的边行营养面积，使桑树新根增加 15%以上，根重增加 10%以上，平均条长增加 15 厘米，桑叶产量增加 5%～14%。间作绿肥还可发挥种间互助作用。绿肥固定的氮素，腐解后桑树可加以利用；而间作又能减轻绿肥的冻害和病害。总之，间作对绿肥和桑树都有增产作用。

(二)桑园绿肥的种类和栽培技术要点

1. 绿肥种类

(1)冬季绿肥　主要有紫云英、苕子、蚕豆、箭筈豌豆、豌豆等。秋播春用。

(2)夏季绿肥　主要有田菁、柽麻、乌豇豆。可做秋季桑树追肥。

2. 栽培技术要点　绿肥品种很多，要获得高产总的来说要抓好 2 条，一是抓全苗、壮苗，获得较高的鲜草质量；二是做好留种工作，保证绿肥稳定发展。

(1)选种　不同绿肥对环境条件的要求不同，如紫云英耐湿性较强，而光叶紫花苕子耐旱性较强；在同一种绿肥中，不同品种的生育期有一定差异，如紫云英可分早、中、晚熟品种。因此，应根据气候、土壤等条件选择适应性强、早熟、速生、高产、优质的绿肥品种(表8)。

(2)种子处理　为了保证全苗，在播种前一般应进行选种、晒种和擦种。

①选种：紫云英可用比重1.03～1.09的盐水(50升水加食盐2.5～5千克)选种，汰除秕籽、劣籽。选择后立即洗去盐分。

②晒种：播种前在阳光下晒两个半天，增加种子吸水能力，提高酶活性，以使发芽整齐。

③擦种或烫种：少数绿肥种子种皮较厚带有蜡质，要使种子吸水发芽，方法有：一是擦种法，在种子中加一定比例的细沙放在石臼中捣种；二是烫种，即用温水烫种，如苕子可用60℃水浸种。

(3)合理施肥　豆科绿肥以施磷、钾肥为主，并适当施用氮肥，以达到"以磷增氮、以钾增氮、以小肥换大肥"的目的。磷肥一般用作基肥或种肥，施用磷、钾肥可提高固氮能力和抗逆性。钼和硼对绿肥有明显的增产效果，一般采用拌种或浸种。氮肥应根据绿肥的种类和长势而定，禾本科应多施，豆科宜少施。

(4)留种　种子不足是限制绿肥发展的重要原因。依靠外调，不仅成本高，而且质量得不到保证，必须建立一定面积的留种基地，扩大绿肥的种植面积。

3. 绿肥的利用　绿肥的肥效与养分含量同施用方法有密切的关系。绿肥的翻耕应注意以下问题。

(1)翻耕时期　绿肥应掌握在鲜草产量和养分含量最高时翻压。翻压过早，植株柔嫩，易腐烂，但鲜草产量低；反之，植株趋于老化，腐烂困难。各地试验结果表明，一般在初花至盛花期，鲜草产量和养分含量都高，及时埋施可显著提高桑叶产量和桑叶质量。例如，紫云英在盛花期、苕子在现蕾至初花期翻埋较好。翻耕时间不仅要考虑绿肥本身条件，还需考虑桑树需肥时间。

表 8　主要绿肥的抗逆性、适应性及适宜栽培区域

绿肥种类		耐湿性	耐旱性	耐瘠性	耐寒性	地上部的死亡气温(℃)	适宜 pH 值	适宜的土壤质地	耐盐量（%）	适宜的自然区域
冬季绿肥	紫云英	++++	+	++	+++	−5～10	5.2～7.5	砂壤～重壤土	<0.1	黄河以南至广东、广西各省，秋冬无旱害地区
	箭筈豌豆	+	+++	++++	++++	−10～11	5～9	砂壤～重壤土	<0.1	除华南和华北地区外，都可种植
	光叶紫花苕子	++	+++++	++++	++++	−10～12	5～8.5	砂壤～黏土	<0.2	适宜淮河、长江流域栽培
	黄花苜蓿	+++	++	+	++	−3～−5	5～8.5	砂壤土～轻壤土	<0.2	适应于广东及秦岭以南，宜在质地疏松土壤
	蚕　豆	+++	++	++	++	−5～−8	5～8.5	壤土～黏土	<0.1	适于黄河以南各地
	紫花豌豆	++	+++	+++	+++	−10	5～8.5	砂壤土～重壤土	<0.15	适于黄河以南各地

续表 8

绿肥种类		耐湿性	耐旱性	耐瘠性	耐寒性	地上部的死亡气温(℃)	适宜 pH 值	适宜的土壤质地	耐盐量（%）	适宜的自然区域
夏季绿肥	柽　麻	＋＋	＋＋＋＋＋	＋＋＋＋＋			5.5～9	砂壤土～黏土	<0.3	河北、陕西以南生长迅速
	猪屎豆	＋＋＋	＋＋＋＋＋	＋＋＋＋＋			4.5～7.5	砂壤土～黏土	<0.1	适于长江以南坡地红壤种植
	草木犀	＋＋＋	＋＋＋＋＋	＋＋＋＋＋			7.5～8.5	沙土～黏土	<0.25	除华南地区外，其余均可种植

注：上表是各绿肥种类间比较结果，但冬、夏季绿肥间不能相互比较；抗逆性符号如下：＋＋＋＋＋强、＋＋＋＋较强、＋＋＋中等、＋＋较弱、＋弱

(2)翻压深度和分解速度　绿肥分解主要靠微生物,因此翻耕深度应考虑其在土壤中旺盛活动的范围及影响微生物的各种因素。一般15～20厘米土层深处微生物活动较旺盛,故翻埋深度也应以此为准。但气候、土壤及绿肥本身也影响翻埋深度,凡绿肥幼嫩多汁、土壤沙性强、土温较高,耕翻时宜深些;反之宜浅些。

绿肥施入土壤后,在适宜的水分和温度条件下迅速分解。首先是水溶性物质,其次是纤维素、半纤维素,最难分解的是木质素。据试验,绿肥施入土壤后,在最初1个月内分解最快,以后逐渐变慢至稳定。

绿肥的翻压还要求与桑树对养分的需求相协调。若在通透性不良、土质黏重的土壤,施较难分解的绿肥,应防前期缺肥;相反,在通透性好、土质松的土壤,施较易分解的绿肥,应防后期脱肥。

(3)绿肥的利用方式　绿肥利用的方式一般有3种:直接翻耕、沤制和饲用。

①直接翻耕:在就地施用时直接翻耕,是最普遍的方法。翻耕前最好将绿肥切短,稍加晾晒,这样有利于耕翻和绿肥分解。旱地无灌溉条件的,要做到深埋、严埋,以防土壤跑墒。有条件的,水分不足要结合灌溉,促进腐解。

②沤制:为了提高绿肥肥效,可把绿肥与河泥等混合沤制,沤制后施用效果较好。

③过腹还田:用绿肥饲料畜禽,再在桑园施用畜禽粪便或厩肥。

思考题

1. 一年中桑树施几次肥料,各季肥的作用是什么?
2. 桑树有什么施肥方法?
3. 桑树叶面肥有什么作用,施用时有哪些注意事项?
4. 桑树绿肥有什么作用?
5. 桑园绿肥的种类及其栽培技术要点是什么?

第七章　桑园管理

桑园管理的内容很多，每一项技术措施都与桑树生长、桑叶的产量和质量有密切关系。如优良桑品种，合理密植和树形养成等增产措施，都要在良好的田间管理下，才能充分发挥它们的增产效果。许多经验证明，只要因地制宜地贯彻各项桑园管理技术措施，就能使桑园低产变高产，高产更高产。江苏省东台市三仓乡三仓村等每 667 平方米产蚕茧 150 千克以上的乡村，都有比较完善的桑园管理制度，实现了科学栽桑，高产稳产。为了进一步提高单位面积的桑叶产量和质量，必须在总结丰产经验的基础上，研究桑园管理技术的改进和桑园耕作化的实施。

桑园管理工作包括土壤管理和桑树管理 2 部分。土壤管理主要包括施肥、耕地、除草和排灌等；桑树管理主要是补植缺株、整修树形、整枝、剪梢、解束、老树复壮以及病虫害防治等(表 9)。

表 9　江苏省、浙江省桑叶管理年表

月　份	桑　园	苗　圃
1月 (小寒、大寒)	①整枝；②刮除桑蟥、野蚕卵块，捕杀潜伏越冬害虫，如桑尺蠖、桑毛虫等；③刮除桑膏药病菌和桑介壳虫，涂石灰硫黄合剂(5 波美度)；④疏通排水沟渠	①整理移植苗地；②掘苗和假植
2月 (立春、雨水)	①继续整枝；②继续刮除桑膏药病菌和桑介壳虫并涂药剂和抹杀桑树主干上尚未分散的桑虱；③缺株补植或压条；④新桑园栽植；⑤成林桑树移植；⑥春伏条；⑦估计春叶产量	①掘苗；②桑苗假植和移植

续表 9

月份	桑园	苗圃
3月（惊蛰、春分）	①春伐；②剪取和贮藏接穗；③除草；④低产桑园复壮和更新；⑤施入春肥；⑥解束；⑦整理排水沟渠；⑧捕捉桑尺蠖、桑毛虫等害虫；⑨检查芽枯病有无发生，及时剪病枝；⑩培育间作绿肥植物	①嫁接桑苗；②插条和压条
4月（清明、谷雨）	①继续捕捉桑尺蠖、桑毛虫和野蚕初孵幼虫；②除草；③翻埋秋播绿肥；④稚蚕用桑摘心；⑤桑地注意开沟排水；⑥检查桑树枝梢细菌病，及时剪病枝	①桑苗嫁接和插条；②春播桑籽
5月（立夏、小满）	①采集桑种子，及时淘洗，播种或贮藏；②夏伐；③施夏肥和夏耕除草；④捕捉叶虫、野蚕、桑天牛幼虫等害虫并抹杀树干上的桑介壳虫；⑤播种夏季绿肥；⑥白拳头喷药除虫；⑦新栽桑树疏芽	①桑籽夏播和苗圃管理；②春播苗疏苗、除草、施肥；③嫁接苗去砧芽和补接；④插条苗圃要注意浇水、施肥
6月（芒种、夏至）	①继续完成夏伐；②施夏肥；③桑园中耕除草；④捕捉天牛成虫和药杀天牛幼虫；⑤夏伐后疏芽	①春播苗疏苗、除草、施肥和继续夏播桑籽；②嫁接苗去砧芽、施肥、覆土
7月（小暑、大暑）	①药剂防治桑蓟马、桑螨等；②除草、施肥；③桑地注意防旱、防涝；④翻埋夏绿肥	①夏播苗疏苗、除草、施肥；②春播苗及嫁接苗除草、施肥、灌溉等
8月（立秋、处暑）	①继续注意桑园防旱、防涝；②检查桑萎缩型萎缩病的发生情况，严重的掘除，轻度的采用夏伐复壮	①除草、施肥；②注意防旱、涝、风灾

续表 9

月　份	桑　园	苗　圃
9月（白露、秋分）	①除草；②药剂防治桑天牛幼虫；③播种秋季绿肥；④检查桑萎缩型萎缩病，处理同上月	①嫁接苗剪梢、除草；②实生苗除草
10月（寒露、霜降）	①继续药剂注射防治天牛幼虫；②继续秋播绿肥	苗木调查
11月（立冬、小雪）	①桑树剪梢、束枝；②开始冬耕和施冬肥；③挖除病、死株；④开荒垦地，建立新桑园；⑤栽植新桑树	挖苗、分段、假植
12月（大雪、冬至）	①继续上月工作；②整枝；③冬耕，施冬肥；④刮除桑蟥卵、野蚕卵，捉桑毛虫及桑螟等，挖除天牛及桑蛀虫的幼虫	继续上月工作

一、土壤管理

（一）耕　耘

耕耘的目的是使桑园土壤处于疏松状态，以改善土壤的理化性质，为桑树根系创造良好的生长环境。

1. 耕耘的作用

（1）改良土壤物理性状　桑园要进行适时的管理，如采叶、发条、防治病虫害等，而经常踩踏以及雨水淋渍，易使土壤板结，不利于根的生长。通过耕翻，可使土壤疏松，增加土壤孔隙度，从而改善土壤的空气和水分状况。由于土壤空气和水分条件的改善，能增强桑树根系的呼吸作用，同时也促进了土壤好气性微生物的活动和繁殖，加速了土壤有机质的分解和转化，丰富了根的营养。据调查结果表明，深耕后的土壤容量减轻、孔隙度增加，从而增强了土壤透水性和保水能力，提高了土壤的蓄水量。

(2)改良土壤化学性质　经过深翻，土壤中的水分和空气条件得到改善，好气性微生物活动加剧，土壤中微生物总数和有益菌种的数量显著增加。施入的有机肥料经过微生物的分解，能将营养充分释放出来，供根系吸收利用。同时也提高了土壤的熟化程度，使土壤中的难溶营养物质转化为可溶性养分，相应地提高了土壤肥力。

(3)促进新根的发生　深翻后，土壤中的水、肥、气等条件得到改善和协调，为根系生长创造了良好的环境条件，因此，促进了新根的发生，增加了根量，扩大了根的分布范围。深耕会切断部分根系，桑树断根能刺激多发新根并增强根的吸收能力。断根数量和断根时期对桑树生长产生不同的影响。断根过多，不论任何时期都对桑树生长不利。同样数量的断根，在桑树休眠期影响小，在生长期影响大。一般认为"冬耕宜深，夏耕宜浅"，就是针对断根的影响而言的。

(4)其他作用　耕翻土壤能杀灭部分害虫和病菌，还有清除杂草的作用。中耕松土可切断土壤上层的毛细管，减少土壤水分蒸发，从而保蓄土壤水分。因此，干旱季节耕翻土壤有保墒作用，盐碱地进行中耕松土能防止返盐。

2. 耕耘时间和方法　桑园的耕耘时间和次数因桑园类别和地区不同而稍有不同，大多数桑园一年耕地2～3次(冬耕、夏耕或者冬耕、春耕、夏耕)。

冬耕在桑树落叶休眠后、土壤封冻前进行。一般先施冬肥，然后翻耕土壤。经过冬耕，土壤在冻融作用下，风化程度较好，改善土壤结构的效果显著。冬耕宜深，少量断根能促进新根的产生，但注意断根不宜过多。一般冬耕深度20厘米左右，行间宜深，桑株附近宜浅。应根据根系分布情况灵活掌握深度，以不伤断根为原则。

春耕在春季桑树发芽前进行。经过冬耕的土壤再进行春耕，能进一步改善耕作层的土壤结构，同时能消除杂草。有些地区不进行春耕。春耕宜浅，一般深度10～13厘米。

夏耕在桑树夏伐后进行。桑园土壤经过春季采叶等田间作业，土壤结构被破坏而板结，不利于根的生长。为了使桑树在夏秋季能得到良好的土壤条件，必须进行夏耕。夏耕稍浅，应打碎耙平土壤，便于除草，一般深度为12～15厘米。

3. 注意事项　耕地的深度应根据根的分布深度灵活掌握，以少断根为原则，应深则深，应浅则浅。一般少耕或浅耕的桑园，根系分布较浅，避免一次伤根太多，影响生长。土壤性质不同，耕地深度也要有所区别，一般黏性土宜深，沙性土可稍浅。土壤的宜耕程度与耕地工效及质量有关。耕地应争取在土壤适湿或情况下进行。尤其在黏土地区，土壤过湿过干都会降低耕地质量。

(二)除　草

1. 杂草及其危害　桑园杂草种类较多，以江苏省、浙江省为例，双子叶杂草有马齿苋、荠菜、一年蓬、婆婆纳等。这些杂草繁殖快，再生能力强。据调查，一般杂草只要有部分茎段或者草根留在土壤中，就能继续生长繁殖。特别是在6～8月份，杂草生长旺盛，占桑园全年杂草总量的70%左右，这时正值桑树夏伐后重新抽长枝叶进入旺盛生长期，杂草不仅与桑树争夺土壤中的水分和养分，而且还会影响桑树通气透光，抑制桑树生长，降低桑叶产量和质量，同时又会造成害虫和病菌的滋生蔓延，危害桑树，因此，桑园杂草必须及时清除。

2. 除草时期和方法　桑园除草方法主要有人工、机械和化学、生物、生态等几种方法。目前常用的主要是人工和化学除草。

(1)人工除草　根据杂草生长和蔓延情况进行除草，可分春、夏、秋 3 个时期，除草 4～5 次。重点抓 3 次，春除过冬草，夏除黄梅草，秋除结籽草。

春暖季节是越冬草旺盛生长时期，应在杂草发芽前除草 1～2 次。春耕的桑园杂草较少，可在杂草发芽前或发芽后除草 1 次。

夏伐以后，特别在黄梅季节，又是杂草旺盛生长时期，应该在夏耕的基础上夏叶收获前，除草 1～2 次。

秋季是许多杂草迅速生长和开花结果时期，应在杂草开花结果前将杂草除净。

(2)机械除草　主要是用手扶拖拉机等小型农业机械在桑园行间中耕除草，可以大大提高除草效率。利用中耕除草机进行桑园除草，已经在许多地区推行。据苏州蚕桑专科学校初步调查，用手扶拖拉机进行中耕除草，耕幅 1.25 米，每天工作 8 小时，，每台拖拉机可中耕除草 2.7 公顷左右。行距 2 厘米的桑园，机耕面积占桑园总面积的 70%，其余面积则由人工除草。用除草机除草，松土层较深，比人工除草效果要好。

(3)化学除草　合理利用化学除草剂，简便易行，节省人力，是控制桑园杂草、提高桑叶产量、减少桑园病虫害发生的有效途径之一。当前适于桑园的除草剂有 2 大类，一类为土壤处理剂，另一类为茎叶处理剂。前者喷洒于地表，可杀灭杂草根、幼芽、种子等，如喷洒敌草隆、灭草隆、氟乐灵、乙草胺乳油等。后者喷洒在杂草茎、叶上，抑制或破坏杂草生理机能或细胞蛋白酶，如喷洒草甘膦、茅草枯、克无踪等。若以性质分类可分为内吸型和触杀型 2 类。适合桑园除草的主要化学除草剂及使用方法如下。

① 草甘膦：又称镇草宁。是一种新型除草剂，具有广谱、低毒、高效等特点。每 667 平方米用含有效成分 15% 的草甘膦 1 千克，加水 100 升，并加入 0.2 千克洗衣粉做附着剂喷洒茎叶，能杀死多种一年生和多年生杂草，对防除香附子、狗牙根、水花生和牛

筋草等有较好的效果。

② 敌草隆：属内吸传导型除草剂，用于土壤处理。在桑园杂草萌发前，每 667 平方米用含有效成分 25％的可湿性粉剂 0.5 千克，溶于 150 升水内喷洒。对一年生单子叶、双子叶杂草有79％～95％的防除效果，对多年生杂草也有一定的抑制作用。药效可保持 45 天以上；对桑、蚕均无明显的不良影响，但药剂与枝叶直接接触时易生药害。

③ 灭草隆：属内吸型除草剂，用于土壤处理。其除草效果比敌草隆有更大的灭生性，每 667 平方米用含有效成分 25％的成品 0.3～0.5 千克，溶于 150 升水内喷洒，除草效果可达 90％以上，药效可维持 2 个月左右，对桑、蚕均安全。

④ 二甲四氯：属激素类除草剂。可刺激、破坏杂草体内碳水化合物和蛋白质的代谢，阻碍叶绿素形成，最后杂草生长点腐烂死亡。每 667 平方米用有效成分 20％的水剂 0.5 千克，加水 100 升，喷洒杂草叶茎。

⑤ 茅草枯：属内吸传导型除草剂。每 667 平方米用茅草枯 1 千克，加水 125 升，做土壤表面处理剂或喷洒杂草茎叶，除草效果可达 90％，药效可维持 30 天以上。

桑园使用除草剂应注意以下事项：喷药时要全面均匀，药具用完后应洗净，以免蚕或其他作物受害。选晴天无风时（最好 10 时前，16 时后）喷施。若有风时应注意风向，以免喷到桑树上使其受害。早晨露水未干或阴雨天前后应禁喷，以免雨水或露水冲洗药液，降低效果。喷药后（2 小时以内）遇雨要补喷。注意防止除草剂中毒事故的发生。严格按标准浓度配制，以防人、畜中毒，造成伤害。

（4）生态灭草　杂草的萌发生长和桑树一样，不仅需要充足的水分和养分，还要充足的空气、温度、光照等条件。人们利用杂草这一特性，人工创造一个有利于桑树而不利于杂草生长的生态环境，达到除草的目的。主要生态方法有：合理密植，加强田间管理，播种豆科作物，地面覆盖干草、垃圾污泥等，促进桑树生长势，压倒杂草，造成地面覆盖、荫蔽，杂草难以旺盛生长，就可有效抑制杂草生长。生态除草不会造成桑树土壤、环境污染。

（三）灌溉和排水

当土壤水分适当时，桑树才能正常生长。但不论任何地区，一年中降水不均的情况是客观存在的，常常遇到时而土壤水分过多，时而土壤水分不足的现象，使桑树水分收支平衡产生不同程度的失调，严重时就会引起桑树停止生长，甚至桑叶枯黄脱落，使桑叶减产，叶质降低。生产实践证明：加强桑园的水分管理，做好灌溉和排水工作，是保证桑树优质高产的一项重要措施。

桑树根系从土壤中吸收的水分，95%以上用于叶片的蒸腾消耗。一般情况下，蒸腾量愈大，根系吸收的水分也越多。只要土壤含水量适当，桑树的吸水与失水是对立统一的过程，是能够维持体内水分的动态平衡的，从而保证了桑树体内生理生化过程的正常进行。

据调查，桑树在夏秋生长时期，在正常的土壤水分和气候情况下，一天内 1 千克新鲜桑叶，通过叶片蒸腾消耗的水分量为 8.46 升。如果以每 667 平方米产桑叶 500 千克计算，一天内蒸腾的水分量为 4 230 升，相当于 6.3 毫米的降水量。当然，桑叶蒸腾量的大小，因气候不同而有很大的变化。根据钵栽桑的土壤水分试验，断水 4 天后，新梢就出现停止生长的现象。大田有地下水供应，情况有所不同。在生产中常常观察到，在桑树叶枝茂盛的夏秋季，如果晴天，无雨 7～8 天，就会出现土壤水分亏缺现象，桑树的水分收支也将会失去平衡，开始威胁桑树生长。由此可见，随时准备灌溉补水，是保证桑树正常生长的关键。

从土壤水分过多的情况来看，据调查，淹水处理一天后，根尖部分已经开始萎缩。随着淹水时间的延长，桑树生长由缓慢而停止，严重时桑叶发黄脱落。桑树对涝害的反应比干旱慢些。在易受涝害地区，应做好桑园的排水工作。

水和肥是土壤肥力的一对重要因素，两者之间有着不可分割的关系。有肥无水，不能充分发挥肥效；有水无肥，桑树呈现饥饿状态，叶枝虚弱不充实。为了夺取桑园的优质高产，应在增施肥料的同时，做好桑园的灌溉与排水工作。

1. 灌　溉

(1)灌溉时期　桑园灌溉时期主要根据土壤水分和桑树生长情况而定。通常枝叶旺盛生长时期对水分的要求高，干旱时反应比较敏锐，此时应特别注意土壤水分的供应。大多数地区夏、秋季干旱较多，个别地区春旱严重，往往影响桑树发芽，应根据各地具体情况，做好桑园灌溉准备，保证优良桑叶的供应。

具体的灌水时期可根据新梢的生长率和土壤含水率确定。在适当的土壤水分情况下，每天的新梢生长率是相对一定的，如果生长率降低，就表示土壤水分缺乏，宜进行灌水。还可通过调查中下部枝条的桑叶含水量来确定灌水时期，如果桑叶含水量降到70%以下时，就要灌水。

桑树生长的适当土壤水分含量是田间最大持水量的70%～80%，如低于60%就要灌溉。可通过土壤湿度目测来判断灌溉时期。方法是：在桑树株间或行间挖深20～40厘米的穴，从穴内抓取土壤，用手握紧，然后放开。如果是壤土或砂壤土，紧握时形成土团，再挤压时土团不易碎裂的，证明壤土田间持水量在60%以上，无需进行灌溉。如果手指松开，不形成土团，说明土壤水分不足，须进行灌溉。如果紧握时能形成土团，但轻轻挤压时容易发生裂缝的，说明土壤含水量少，须进行灌溉。一般秋末桑树处于缓慢生长期，无需灌溉。在桑树发芽前后，如果土壤干旱，应进行灌溉，这对促进桑树发芽、提高发芽率和发芽后的生长有很大作用。

(2)灌水方法

① 引水灌溉：建园时做好灌溉沟的，可用电机抽水，引入桑园

进行沟灌，待土壤湿润后将余水排出。这种灌水法一次投资后可以使用多年，但耗水量多，灌水后土壤容易板结。

② 喷灌：喷灌是近年发展较快的一种灌溉方法，已在部分地区推行。喷灌有省水、保肥、保土、防止土壤次生盐渍化、减少渠道占地面积等优点。特别是在地形比较复杂的丘陵地带更为有利，必要时还可结合喷灌进行施肥、喷药。喷灌还有调节桑园气温和湿度、冲洗桑叶灰沙、减少桑叶的含氟量和其他有害物质、提高叶质和驱除微体害虫等作用。据调查，喷灌比引水灌溉可节约用水30%～50%。

③ 滴灌：滴灌是近年来发展起来的灌溉方法。滴灌是在行间埋入水管，通过细孔，使水渗湿土壤，保持土壤水分适当，对促进桑树生长、提高桑叶产量有明显效果。根据华南农业大学蚕桑系在丘陵梯田进行管道施肥、滴灌试验，经过2年的调查，效果表现为：滴灌的桑树根系发达而且深达土中80厘米以下。单位面积的枝条数和平均条长，滴灌区比对照区分别多22%和8.29%，每667平方米产叶量滴灌区比对照区多30%左右。为了提高滴灌效果，最好以宽窄行形式栽植，将管道埋在窄行内。采用喷灌和滴灌方法对调节土壤水分、促进桑树生长等方面虽有许多优点，但是由于工程的一次性投资较大，目前还未得到大面积的推广应用。

2. 排水 在雨量集中的多雨季节，地势低洼、地下水位较高、土壤黏重、排水不良的桑园容易积水成渍。由于未成林桑园根系还未成熟，抗渍性弱，更应注意桑园排水。

桑园在遭受洪灾后，除突击排水降渍外，还应加强以下管理。

(1)迅速追施肥料 桑园由于遭受雨水长时间浸泡，造成肥料流失严重，因此必须及时补施和巧施肥料。补施肥料以速效肥为主，考虑到遭受重创的桑根吸收功能有一个渐进的恢复过程，因此，补施肥料宜分2次施入。第一次每667平方米施碳酸氢铵50千克，第二次每667平方米施尿素25千克 。同时结合桑园治虫用0.5%尿素稀释液叶面喷施，每隔7天喷洒1次，连续喷洒2～3次，以促进桑树尽快恢复生机。

（2）抢除田间杂草　桑园夏伐后，正值高温季节，桑园地表充分暴露，杂草极易萌发蔓延。加之持续阴雨连绵，杂草生长特别旺盛，以致少数田块草比树高，与桑树争水争肥争营养。因此，必须抢时间除草。除草方式除人工拔除外，还可采用化学除草剂喷洒。每667平方米用10%草甘膦500克对水100倍，另加入0.15～0.2千克的洗衣粉喷布在杂草茎叶上，注意喷药必须压低喷头，切勿将药液喷到桑树枝条和芽叶上。

（3）全面中耕松土　由于雨量大，持续时间长，桑园土壤已严重板结。因此，必须全面中耕松土，以尽快改善桑园土壤的通透性。此次中耕松土宜浅，深度以10～13厘米为宜，不能过深，以尽量避免损伤正处于恢复生长期的桑根。在中耕的同时，对少数因暴风雨影响而倾斜的桑树扶正培土，以恢复树势。

（4）加强病虫害防治　桑树遭受暴风雨长时间侵扰后，抗逆性有所下降，容易发生病虫害，同时由于持续阴雨，使正常的病虫防治工作被延误。因此，为了增加单位面积桑叶的产量和质量，尽量减少涝灾对桑树的影响，必须重视桑树的病虫害防治工作。

二、桑树管理

桑树管理的任务是保持桑园株数齐整、树形整齐、条数适当、树体健壮和形成良好的群体结构，从而可以充分利用日光能，提高光合产物以充分发挥土壤肥力。

（一）修剪树形

桑树是一个群体，在桑树生长过程中，个体之间常常发生一定程度的不平衡现象。个体间的差异引起生长势强的桑树抑制生长弱的桑树，随着年限的增加，强弱差距越来越大，最终影响单位面积的桑叶产量。因此，在桑树管理过程中要注意个体桑树的生长情况，抑强扶弱，使群体整齐、均匀发展。在夏伐、疏芽、整株过程中，主要根据桑树生长的不同情况，对生长势强的个体要加以限制，对生长势弱的个体要加以促进，保证其树形整齐，发条数适当。

(二)疏芽和整枝

1. 疏芽 桑树春伐或夏伐以后，一般萌发新芽较多，在新梢长到 20～30 厘米长时要疏芽，这是培养桑园良好群体结构的重要措施。疏芽的目的和原则要在维护和发展树形的前提下，做到去弱留强、空隙处少疏多留、密集处多疏少留、外围多留，使每株桑树的发条数相对一致，分布均匀。疏芽以后，由于养分集中，通风透光条件改善，有利于枝叶生长。春伐桑树在春蚕期疏芽，夏伐桑树在夏蚕期疏芽。

疏芽一般分 2 次进行。在桑条长 7～10 厘米时进行第一次疏芽，留芽量为每株目的留芽量的 2 倍。以每 667 平方米栽 1 000 株湖桑 32 号的桑园为例，若平均每株桑树目的留条为 8 根，第一次疏芽则每株桑树平均留芽 16 个。方法是：在过粗桑条(条径 1 厘米以上)的四周选留 4～5 个健壮芽。在中条(条径在 1 厘米左右)的四周选留 2～3 个健壮芽，弱条可酌情留 1 个位置好的健壮芽；第二次疏芽是结合夏秋季大蚕用叶，将细弱、横生、下垂、过密的桑条用桑剪从基部剪下喂蚕。方法是：在过粗桑条周围选留2～3 个壮条，以利于长成中条，避免出现过粗条；中条选留1～2 个壮条；弱条根据桑树生长势全部疏去或选留 1 个，避免再出现弱条。

疏芽和留芽程度应根据桑树品种特性、栽植密度、树形种类及肥培水平确定。除广东地区外，其他蚕区每 667 平方米总条数 6 000～8 000 条比较适当。肥力水平高的可多留，肥水条件较低的可少留些。在确定总条数的基础上，就可以根据单位面积株数来决定单株的留芽范围，进行疏芽。例如每667平方米栽800株的低干桑，可在每株留芽10～13根的范围内进行疏芽。桑树品种特征不同，单株发条数也有差异，凡发条数多的品种应少留，如荷叶白；发条数少的品种宜多留，如桐乡青。

2. 整枝　整枝就是除去桑树的死拳、枯桩、病虫害枝和细小的无效枝条等，有减少养分消耗、促进伤口愈合、整形和增强树势的作用。死拳、枯桩又是病菌、害虫寄生的地方，经过整枝有减少病虫害的作用，特别是对桑象虫的杀灭效果更显著。

整枝在桑树休眠期进行，过早或者过迟都会使树液流失较多。锯剪要齐基部，以使伤口尽快愈合。剪下来的死拳和枯桩等要集中处理，防止病虫害蔓延。

(三)摘　心

桑树新梢摘心有2个目的，一是通过摘心促使下部桑叶成熟，以提高叶片质量；二是通过摘心促使腋芽萌发分枝。后一种在生产上要求在分生侧枝时应用，前一种则在春蚕时采用。现在重点叙述春蚕期的摘心方法。

春蚕期的生长芽上常有几片未成熟的嫩叶，这种嫩叶不宜饲养大蚕，常在用桑前若干天，摘去嫩头，抑制其加速生长，这样可使未成熟的叶加速成熟，使叶子的成熟程度趋于一致，有提高桑叶的利用率和增强蚕体健康的作用。据调查，适时摘心可增产桑叶4%左右。

摘心的时期和程度是根据用桑时期决定的，江浙地区一般在壮蚕用桑前10天左右摘去鹊口状的嫩头。距用桑时期较近的，可多摘去1～2片嫩叶；距离用桑时期较长的，可少摘一点，有时只摘顶芽。壮蚕用桑先后相差7～8天，应按用桑先后，划区分批摘心。

(四)剪　梢

桑树剪梢有增多生长芽、促进芽叶生长、提高桑叶产量的效果。实生桑通过剪梢还可减少花、果量,增产效果更显著。据调查,湖桑品种剪梢后的春叶产量比不剪梢的增产桑叶 30%左右。另一方面,剪去梢部可以避免冻枯。枝条上部往往发生细菌病且有叶蝉产卵,剪去后可以减少此类病虫的传染蔓延。江浙地区一般在 12 月至翌年 1 月剪梢,广东省在冬至前后(12 月下旬)剪梢。剪梢要适时,过早会引发腋芽萌发,消耗养分;过迟则效果不明显。

剪梢程度应根据枝条长度并结合桑树品种的特征、栽培水平决定。一般湖桑品种条长在 1.7 米以上的剪去 1/4,条长 1.3 米以上的剪去 1/5,1 米左右的剪去木栓化的梢端,实生桑应重剪。近年来,江苏地区认为把枝条剪成水平状,剪梢效果更好,例如平均条长在 1.7 米左右时,可留 1.3 米高度剪梢;高干桑一般不剪梢。

(五)桑树伐条

桑树伐条有春伐和夏伐之分。春伐在桑树发芽前进行,主要用于树形养成和成林桑恢复树势,夏伐结合春蚕五龄期,桑叶收获时进行。桑树伐条后,应根据"去弱留强、去密留稀、留条均匀、数量适当"的原则疏芽,以利于枝条和新梢的空间合理分布。

夏伐是指在春蚕大蚕期间结合收获桑叶而进行的伐条,是成林桑园桑树管理的重要环节,合理夏伐具有以下优点。

第一,符合质量效益为主的布局原则,是提高蚕茧产量、质量和经济效益的有效途径。

第二,合理夏伐,能保持树形整齐,便于桑树管理。

第三,通过剪伐可以促进营养生长,减少结果而造成的养分消耗,有抑制生殖生长、提高桑叶产量和质量的作用。

第四,通过伐条修剪,使寄生在枝条或枯桩上的害虫病菌随着枝条的剪伐而减少，同时有利于桑树病虫害的统一防治，降低病虫基数。

桑树伐条，要抓住以下几个要点：一要及时伐条。夏伐时间不宜过迟，否则既消耗了树体养分、缩短了伐后生长期，又影响树势，降低产量。二要看天伐条。晴天伐条，伤流小，对桑树生长影响小。三要齐拳剪伐，减少枯桩。夏伐留茬不能过高，一般应留0.5～1米。留得过长，导致树形杂乱，枯枝、枯桩增多，相应的病虫害也多，给桑园管理增加难度，易造成树势衰败。

（六）补　植

桑园发生缺株会造成桑园空隙增多，降低光能利用率，影响单位面积桑叶产量。从建园时起就要注意减少缺株的发生。要抓好桑苗定植质量，提高成活率。要尽量消除引起桑树死亡的相关因素，如病虫危害、自然灾害和人为因素等，减少桑树死亡率。桑树死亡后要及时补植。在成林桑、园中补植桑苗，由于受周围大树的影响，幼树不易正常生长。因此，对补植的幼树必须加强护理，及时修剪以使其早日成形。

多年种植结果表明，利用2～3年生的幼树移栽补缺，生长快且容易成形。为桑园补植缺株，先培养小面积的同品种、同树形的密植桑园，需要补植时，可将桑树移栽到大田即可。补植在秋冬进季行。挖根的范围要大，留根要多，适当修根。植穴要挖得深而大些，多施基肥并与土壤混合压实。补植的桑树要随挖随栽，栽后壅土压实。土壤干旱时要及时补水，成活后也要保证肥水供应，经过1～2年春伐，就能迅速赶上大树。也可通过压条方法补缺，其特点是成活率高、生长快。

（七）束枝和解束

1. 束枝　在桑树落叶后、冬耕前束枝，以便冬耕施肥等作业的进行，还有扶正枝条、捕杀害虫等作用。用稻草等绑缚物将枝条集中束缚起来，束枝不宜过紧，避免损伤冬芽。一般高干桑不束枝。

2. 解束 在春季桑树发芽前、春季桑园作业结束后解去束草。解除下来的束草要集中作堆肥处理，杀灭束草内的害虫。

(八)清园与涂白

1. 清园 要及时清除病枝、弱枝和残叶，提高养分的有效转化，减少病虫害发生。应注意：一是冬季剪枝结合清园，减少越冬病虫源。二是春季及时疏剪弱枝，减少无效枝条。大部分养蚕户对此不注意，没有清除桑园弱枝，据在一些蚕区调查，最高的弱枝率达51.2%，一般也在20%以上，这些弱枝消耗了大量肥力，又妨碍了桑园的通风透气，使下部叶片过早脱落，降低了桑叶的产量和质量。三是在春夏之交和秋季赤锈病、白粉病发生较严重的季节，要注意清除病叶，减少桑园之间的交叉感染。

2. 涂白 涂白是一项美化桑树、对树体消毒的农业技术措施。方法是用20倍液的新鲜石灰水，加入2%的食盐或3波美度的石硫合剂，对主干做均匀涂白处理。

三、自然灾害及防御

各种自然灾害都会影响桑树生长，轻则降低桑叶的产量和质量，严重时可造成桑树死亡。在桑树栽培过程中必须了解当地自然灾害的情况，根据当地气象台(站)的预测预报，积极采取防御措施，消除或减轻受害程度。

(一)霜　害

秋、冬的第一次霜称早霜，春季最后一次霜称晚霜。在晚秋桑树尚处于生长时遇早霜，枝条梢端叶片会受冻而焦枯。一般情况下，早霜危害不明显。春季桑芽萌发后遇晚霜，新的芽叶受冻受害，轻则局部变色，严重时幼嫩芽叶全部枯死。因此，晚霜危害较重，往往造成春叶减产，打乱春蚕生产计划。下面主要讲述晚霜的发生规律和防护措施。

桑树遭受晚霜危害的一般规律是：发芽早的受害重，迟的受害轻；树干越低受害越重，高干桑则受害轻；幼年桑比壮年桑受害重；枝条短、不生长的受害重。

从地势看，低洼地比高地受害重，洼地、山谷、坡下等地受害最重。这是由于靠近地面的冷空气较重，常向低处沉积，加重了霜冻程度。有间作物的桑园，由于间作物的叶子散热快，温度低，故受害较重。

靠近江河湖泊的桑园，由于水面的夜间温度比地面高，水面上的暖空气上升以后，地面上的冷空气向水面流动，使冷空气不能积聚。特别在滨水地带经常有雾笼罩，不易散热，温度下降较慢，所以不易受冻害。丘陵山地的南坡，白天吸热量多，夜间虽然散热，但温度仍然较高，所以不易遭受霜害。必须指出的是，南坡桑树一般发芽较早，一旦寒流侵袭，气温骤降而出现霜冻时，则受害较重。

霜害是可以预测的。到了春季桑树发芽季节，就要注意收听当地气象台（站）的预报，同时观察当地的小气候，以推断霜害。一般寒流来临前，傍晚晴天无风，星月皎洁，21时左右的气温在10℃以下，半夜降至6℃，这样的气候在黎明前可能出现霜冻。

防霜措施有多种，可根据当地条件选择适当的方法。

1. 熏烟法　在桑园空处堆放杂草、枯叶或驴、马粪干，点燃后产生的浓烟笼罩桑园，有一定的防护作用。熏烟所以能防霜是由于熏烟造成空气对流，冷空气的水分子容易凝结在烟粒上，放出气化热，使地面温度略为增高。如果熏烟材料不足，可以下坡、低洼地、幼年桑园、低干桑园作为重点防护对象。

2. 遮盖法　用稻草、芦帘等覆盖桑树，可以阻挡外来寒气的侵袭,也可防止地温散发,是一种有效的防霜措施,但在大面积防霜时,由于受到覆盖材料的限制,一般不采用。

3. 其他防霜方法 在桑园灌水或在桑树上喷水,也有一定的效果。

4. 霜害后的处理 桑树遭受霜害后,主要增施一次速效性肥料,促进副芽萌芽生长。也可把全部冻枯的部分剪去,促使下部休眠芽萌发生长。

(二)冻 害

冻害是指桑树休眠越冬时期遇到低温的影响,引起组织结冰,在细胞间隙形成冰晶体,逐渐从细胞吸水,使细胞液浓度升高,引起原生质凝固。同时,随着冰晶体的不断增大,使原生质受到挤压而造成机械损伤。如果冰冻时间不长,细胞内渗出的水分不多,一般不致引起冻害。如果冰冻时间持久,超过了桑树忍受限度时,就会出现枯死现象。

桑树越冬时具有对低温的抵抗能力。桑树抗冻性的强弱与品种的遗传性、发育情况、低温程度和栽培条件等有关。北方的桑树品种有较强的抗冻性,如东北地区的秋雨桑,山东的鸡冠鲁桑等。一般地方品种均具有对当地低温的抵抗能力。如果把江浙的湖桑品种移栽到北方去,就易发生冻害。

枝条的成熟程度与冻害有关。枝条在秋季贪青徒长而未充分成熟,则易受冻害。冻害从梢端开始,自上向下,加长枝条的干枯冻死。充分成熟的枝条,由于其组织充实,木质化程度高,水分含量少且贮藏养分多,细胞液浓度较高使冰点降低,故抗冻能力强。所以,要控制采用秋叶,防止枝条徒长,也能增强抗冻能力。从树干高低看,低干桑易受冻害,高干桑则受害轻。

肥水条件也与冻害有关。多施有机肥,前期多施、后期少施,秋季施肥不过迟,并配合施用磷、钾肥料的桑树,能使枝条及早停止生长，其组织充实，抗冻能力强；反之则弱。

为了防止桑树冻害的发生，以选栽当地的品种为好。冬季严寒地区引进外地桑品种时，宜先进行小面积试栽，在栽培过程中必须从抗冻相关因素出发，增加桑树的抵抗能力。

（三）风　害

风对桑树生长既有利也有弊。风速在4级以下时，可以调节桑园空气的温度、湿度和气体成分，有利于蒸腾作用和光合作用的顺利进行。桑园通风就是为了调节桑园的小气候，以利于桑树生长。但大风常使桑叶破碎、焦枯，折断枝条、损伤树皮，细菌也可通过风在桑树间蔓延。在干旱情况下，大风能加重危害；北方地区常受春季旱风危害，沿海地区常受台风危害；对桑树影响较大。

为了防止风害，可在桑圆迎风面营造防护林带。桑树以低干桑为宜，坡地要注意培土和土壤覆盖，减少土壤飞散，防止桑树动摇；也可将迎风面的桑树绑结成束，以防止枝条摆动碎叶，有一定的防风效果，大风后立即解开。桑树受害后，可将枯死的枝叶剪去，倒伏的桑树及时扶正壅好。并追施速效性肥料，加速恢复树势。

（四）雹　害

冰雹对桑树的破坏力很大，短时间内即可造成严重损失。遭受雹害后，应根据破坏情况，剪去枯枝枯叶并增施肥料。春季受雹害时，严重的采取提高伐条，争取多产夏、秋叶；秋季受雹害时，把受伤枝条剪去，使之及早恢复生长。

四、低产桑园的改造

现在桑园的单位面积产量很不平衡，有的桑园产叶2 000～3 000千克/667平方米，有的桑园只有1 000千克左右，少数桑园更低，在 500 千克以下，高产和低产间的差距很大。因此，改造现有桑园的低产现状，提高单位面积产叶量，做到增产不增地，对提高蚕茧产量具有重要意义。

（一）桑园低产的原因

造成桑园低产的原因是多方面的，归纳起来有以下几点：一是桑地不平整，梯田修筑不符合要求，水、土、肥流失严重，造成土壤瘠薄。二是品种不良或实生桑未改造。三是栽植密度过稀，未能及时养成相适应的树形，树冠小、发条数不足。四是排灌不合理，桑园旱涝交错，从而影响桑树生长。五是施肥水平低，管理粗放，致使树势衰败。六是只用不养，夏、秋季节采叶过度，影响桑树生理机能，造成桑树未老先衰。七是树龄过老，生理机能衰退，器官组织败坏，发条机能力降低。八是病虫的危害造成桑树衰败和死亡，又未能及时补植，桑园缺株多、空隙大。这些因素中有的是单因素影响，有的是多种因素综合影响桑树的正常生长。

（二）低产桑园的改造措施

1. 加强管理，合理采叶　逐年平整桑园，提高施肥水平，及时防治病虫害，这是采用各种改造方法的基础。凡桑地不平整的要逐步加以平整，做好保水、保土、保肥工作；肥料缺乏、施肥水平低的桑园，要广辟肥源，提高施肥水平。夏、秋季节要合理采摘桑叶，防治病虫害，以保证在短时间内恢复树势，提高桑叶产量和质量。

2. 补植加密　桑园单位面积株数过少，即使肥培管理适当也不能丰产。因此，桑园缺株和栽植过稀的应补植加密，方法有以下几种。

（1）壮苗补缺　对于株行距较宽的稀植桑园，可在行间或株间补植。补植的桑苗要选用根系发达的大苗，也可利用 2～3 年生的幼苗，由于生长快，容易成形。对补植的幼树春伐并加强培肥管理，以促进其生长，增加单位面积总条数。

(2)压条补株　适用于低干或无干养成的桑园，在靠近缺株的桑树上选择位置适当的粗壮枝条1根，春季采叶时保留新梢芽叶，然后在预定补缺处开沟施肥，把枝条中段压入沟内，使新梢芽叶露出地面，最后壅土踏实以促进发根。1～2年后可将连接母株的老条剪断，成为独立的新桑。这种方法的优点是成活容易、生长快。

(3)提高剪定　适用于低干桑。如单位面积枝条数过少，可在夏伐时选择粗壮且分布均匀的枝条，提高15厘米伐条，养成新的支干，使条数迅速增加，同时配合增施肥料来提高桑叶产量。经过提高剪定的桑树，常有半截枝出现，在冬季整枝时，要彻底修除枯桩，防治桑象虫寄生越冬。

3. 增拳　由于树形限制，单株拳少，不能充分利用空间。可采用增拳方法，使单位面积的总条数和总条长增加，从而提高桑田产量。

(1)提高夏伐　一般在夏伐时，将细枝条齐基部伐条，选粗壮、位置适当的枝条提高15～20厘米剪定，作为新支干，增加发条数，提高桑叶产量。如需养成拳势，翌年夏伐时，仍在上年剪定处伐条养拳。提高夏伐，一定要配合增施肥料，加强管理，才能得到效果。

(2)见空补拳　桑园缺株、栽植密度偏小或个别枝干衰弱、枯死时，可在夏伐时留条补拳，扩大树冠面积。如遇树干下部抽发新条，要注意培养，夏伐时剪定养成1～2拳。

4. 老树复壮　衰老低产的老桑树，可根据衰老情况采取不同的复壮措施，提高桑叶产量。

(1)截干复壮　对于树干过高、上层枝干衰弱、发条数少、枝条细短的桑树，可采用截干的方法更新支干，达到复壮的目的。可在春季桑树树液流动前，将枝干降低一层或二层，降干时要在分杈略偏上的部位锯断，以利于分杈处潜伏芽的萌发生长。在发芽后注意疏芽留条，重新养成枝干。

(2)春伐复壮　对树干健全，但枝条细短的桑树，可进行1次春伐，并加强培肥管理，能迅速恢复树势，提高桑叶产量。春伐还能减轻桑萎缩病的危害。

(3)嫁接复壮　实生桑或品种不良的桑树，及主干已坏而根部良好的老树，都可用嫁接换种方法改造更新。换种嫁接方法很多，常用的有挖根接、抱娘接、套接等。嫁接的桑树根系完整，嫁接成活后，接芽生长迅速，可以加速树形养成。待新芽长到33厘米左右时(一般5月下旬)，即按树形养成的要求剪梢，剪梢后要采去上端2～3片叶子，促使腋芽萌发分枝。1个接芽当年可养成2～3根枝条。经过2～3年的剪定培养，能快速成形。嫁接成活后，还要加强管理，防止病虫害和人为损伤等，必要时要用草绳扎缚新芽并加以扶持。

五、桑园复合经营

所谓复合经营就是在桑园中种植不影响桑叶生长且能增加收益的其他作物。

土地是农业生产的重要资源，科学地利用桑园土地是发掘和发挥桑园生产潜力、提高桑园综合经济效益的主要途径，既是我国蚕农的经验总结，又是发展蚕桑生产的需要。

(一)复合经营的优越性

桑园复合经营一般利用栽植密度较稀、株行距较宽的桑园进行间作和养殖。其优越性表现在以下几个方面。

第一，能充分利用桑园的空间和土地，增加桑园的复种指数，提高光能利用率以及桑叶和蚕茧产量、质量，从而增加蚕农的经济效益和社会效益。

第二，能改善土壤结构，提高土壤肥力。套种作物的根系可使土壤质地疏松、通气性好，收获后残留的根系、茎叶腐烂以后，可增加土壤中的有机质含量。而豆科作物不仅有上述优点，还能固定氮素，增加土壤中的氮素含量，提高土壤肥力。

第三，能保持水土、抑制杂草生长，改善桑园生态条件，以利于桑树和间作作物的生长。

第四，能节减桑园管理用工，在对间作作物中耕、施肥、除草时，桑树也得到培育。但如果在桑园内进行不合理的间作，就会扩大桑树和间作作物之间的矛盾，造成相互抑制，不利于桑树生长，降低桑叶产量和质量，甚至造成树势衰败、桑树死亡。如桑园中切忌间作南瓜，因南瓜藤粗叶大，会攀桑枝而上，与桑叶争夺营养。因此，桑园合理间作应采用适宜的形式，选择优良的间作物种类，并注意克服因间作引发的不利因素。

(二)桑园间作

间作桑园株行距较宽，一般每 667 平方米 400 株左右，或是采用单行带状栽植，这样树形的养成较高，桑园内的间隙大、阳光足。桑园间作作物种类主要有以下几种。

1. 蔬菜 在桑树的不同生长期，合理套种适销对路的蔬菜，增加桑园收入，促进桑园管理，稳定桑园面积，提高综合效益。间作型桑园及新桑园周年都可间作蔬菜，而专用桑园则在桑树休眠期进行。蔬菜品种主要有：秋、冬季节有青菜、大白菜、榨菜、大头菜、菠菜、萝卜、大蒜、葱、莴苣等；春、夏季节有马铃薯、番茄、青椒、茄子、大豆、大白菜等。桑园套种蔬菜的主要模式有以下几种。

(1)桑—冬春菜模式 桑园套种抗寒性强、耐肥水、产量高的苏州青等冬季蔬菜，9 月上中旬播种，10 月上旬定植移栽，及时加强肥水管理，12 月至翌年 3 月上市。

(2)桑—大蒜—小青菜模式 桑园套种大蒜应在 9 月中旬秋蚕三至四龄期进行，一般每 667 平方米用种量 50～70 千克。大蒜品种用水旱，行距15～29厘米，株距8～9厘米，在晚秋蚕结束后至越冬前要重施1次氮肥，并加强中耕除草，翌年4月中旬当蒜薹的花序包片伸出叶鞘6～8厘米时采收蒜薹，2～3天出苗后间苗，加强肥水管理。如发现菜青虫或蚜虫为害时，可用80%敌敌畏1 000倍液喷雾。7月份即可采收。

（3）桑一菠菜一包心菜模式　菠菜是一种冷冻型蔬菜，10月中旬在桑树行间播种，播前每667平方米施土杂肥3～4立方米，种肥尿素3～5千克，每667平方米用种量3～4千克，当菠菜长到4～5片叶时，如天气干旱可结合灌水重施速效肥料，11月份即可陆续上市。随后在桑树行间准备套种包心菜，选择早熟、丰产性好的春丰、新丰等早熟品种，并于10月初播种育苗，11月上旬定植，每块桑园可栽3～4行，株距25～30厘米。因包心菜生长最适温度为25℃～30℃，所以冬季桑园套种包心菜应采用保护地栽培，争取翌年4月上中旬上市。

（4）桑一菊花菜一香菜模式　桑园套种菊花菜主要是采取育苗移栽的方法。菊花菜性寒，非常适应秋、冬栽培，一般在9月上旬育苗，10月中旬定植桑田，这时晚秋蚕已结束，叶面积指数在0～1，田间易操作。菊花菜在5℃～25℃都可生长，尤以18℃～23℃生长最旺盛，应在入冬前加强肥水管理，争取霜冻来临前生长叶片15～20片，其中外叶10～15片，心叶5片以上，翌年元旦至春节陆续收获。在3月底至4月初，采用保护地种植香菜，充分利用5月底夏伐后至分行前这段时间的光照和温度，6月下旬苗高20厘米时收获。

（5）桑一青蒜模式　一般在9月上旬种植，每667平方米用蒜种100千克左右。在种前先把蒜瓣在水中浸泡1～2天，然后施肥翻地开沟种植，沟深3～4厘米，10天左右出苗，随着蒜苗的生长，应培植假茎，可覆细土1～2次，晚秋蚕结束后应及时追施速效肥，当蒜苗达25～30厘米时采苗出售。

(6)桑—莴苣模式　适宜桑园套种的莴苣品种是圆叶莴苣。宜在 9 月份育苗，10 月上旬选择壮苗开沟定植于桑园行间，行株距为 30 厘米×20 厘米，每 667 平方米栽植 4 000 株左右。定植后加强肥水管理，翌年 4 月上旬当莴苣的最高叶与心叶平展时为最佳收获期。

2. 生姜　生姜为阴性植物，要求温暖、湿润、有散射光的生长环境和肥沃疏松、排水良好的土壤条件。江浙地区一般在 5 月上中旬播种，10 月中下旬开始收获，生长期 160～170 天。选择地势较高、排灌方便、土地肥沃疏松、上年未种过生姜的桑园种植。

3. 牧草(苏丹草)　苏丹草再生力强，适应性广，喜温暖、湿润的气候及肥沃的土壤条件，可作为鱼、畜的饲料利用。江浙可在 4 月下旬播种，长至 60～80 厘米高时刈割收获鲜草，用于喂鱼、羊、牛等食草动物。一般在 4～10 月可割 5～7 次。

4. 草莓　草莓是一种经济价值和营养价值较高的果品，是多年生常绿草本植物。植株矮小，匍匐生长，故应选择土质疏松、有机质丰富、保水力强、排水良好的桑园间作草莓。在江浙地区，最适时期为 9 月下旬至 10 月中旬进行移栽。

5. 药材　药材的种类很多，适宜桑园间作的品种有贝母、元胡(延胡素)、天麻等。在浙江地区，贝母栽种的适宜时节为 10 月中下旬，元胡的适宜播种时节为 10 月 20 日左右。

(三)桑园养殖

桑园养殖可充分利用桑园资源，尤其是秋季至翌年早春桑树无叶期间的土地资源和太阳能以及生长季节桑园内的杂草资源，均能促进蚕业和其他副业共同发展，提高蚕农经济效益。同时通过桑园养殖还可增加肥料来源，通过生物控草，减轻草害和虫害。桑园适宜养殖的项目种类很多，目前生产上推广较多的有养鱼(桑基鱼塘)、养鸡、养鹅、养羊等。

六、标准化省力优质高产桑园的建设

在优质桑园建立的基础上，为提高桑园的效益，实行省力高效管理，建议有条件的蚕区进行机械化、省力化、标准化桑园的建设。

优质高产桑园建设目标为：全年每 667 平方米产桑叶 2 500 千克以上，每 667 平方米桑年产茧 200 千克以上，盛产年限达 15 年以上。建设的具体步骤有以下几点。

（一）田块选择

选择田势平整、土层深厚、土壤肥沃、排灌方便、无污染源、交通方便的大片土地。土壤肥力指标见表 10。

表 10　土壤肥力指标（参考）

项　目	内　容	备　注
土　层	耕作层厚 30 厘米，地下水位 1 米以下	
土　质	砂壤土至黏壤土	土壤孔隙度 50%左右
有机质	1.5%以上	
酸碱度	pH 6～7.5	
养分含量	全氮 0.15%以上，有效氮 150 毫克/千克以上，全磷 0.15%，有效磷 30 毫克/千克以上，有效钾 150 毫克/千克以上	

丰产桑园的土壤特点调查表明，每 667 平方米产 2 000 千克叶的桑园土壤孔隙度一般在 54%左右，有机质含量均在1.5%～2%，全氮为0.14%～0.21%，有效磷 25～30 毫克/千克，有效钾 100～150 毫克/千克，有效氮 80～100 毫克/千克。桑园土壤特性和肥力调查为改良桑园土壤、提高土地利用率提供了基础数据。

因此，丝茧育高产桑园营养三要素含量要求全氮量在 0.15%以上，有效氮在 150 毫克/千克以上，有效磷在 30 毫克/千克以上，有效钾 150 毫克/千克以上。

(二)桑树品种选择

选择枝条直立、树形紧密、生长旺盛、耐剪伐、耐肥抗病、根系发达、无病菌、产量高且茧质优的桑树品种。

(三)栽植要求

平整土地，施足基肥，全面深耕，开沟理墒，准备好无病且根系发达的苗木。每 667 平方米栽 1 000～1 500 株，树形养成中低干或矮干，单株留拳 3～4 个，成条 8 000～10 000 根，平均条长 150～170 厘米，行株间距离 1.8 米×0.5 米，以便于机械操作。

(四)加强树形标准化养成和采叶护树管理

为了充分利用空间和光能，提高桑叶的产量和质量，调整桑树的营养生长，加快树形整齐，便于机械操作，增强桑树生长势、减少病虫害，在桑园管理过程中，应强化树形标准化养成观念，及时修剪，做好桑叶收获、桑园排灌、病虫害防治等工作，边用边养，加强护树，以保证高产稳产。

(五)机械化田间管理

桑园耕作、施肥、治虫等通过机械化操作，既能省力、高效，又可以达到管理的效果，确保桑园管理措施到位。

(六)施　肥

桑园施肥要多施有机肥，不施或少施化肥，必要时可通过种植绿肥、铺草等措施改良土壤，增加桑园土壤有机质含量，以提高桑叶的质量。成林桑园全年要求每 667 平方米施纯氮 65～70 千克、磷 25～30 千克、钾 28～35 千克，其中有机肥应占 50%左右，氮、磷、钾的比例以 10∶4∶5 为宜。

思考题

1. 桑园土壤管理的内容有哪些？
2. 桑园除草的作用及方法有哪些？
3. 桑树管理的内容有哪些？
4. 桑树自然灾害有哪些，如何防御？
5. 低产桑园形成原因是什么，如何改造？
6. 桑园复合经营的优越性有哪些，如何进行？

第八章　优良桑树新品种及栽培要点

桑树品种是蚕业生产的重要物质基础，选用优良桑品种可以提高桑叶产量和质量，增加蚕业生产的经济效益。我国桑树栽培历史悠久，桑树品种资源十分丰富，蚕业生产遍布全国。目前，全国各地保存的桑树种质资源多达 2 600 余份，是世界上桑树品种资源最丰富的国家。

优良的桑树品种是获得优质高产蚕茧的基础，随着蚕桑生产的发展和科技的进步，人们对桑树新品种的需求也愈来愈迫切。桑树新品种选育从 20 世纪 80 年代开始，经全国蚕桑品种审定委员会审定（认定），农业部批准的新桑品种有 30 个（表 11）。目前，我国优良桑品种普及率达 80%以上，基本实现了桑树品种良种化。

表 11　通过全国审定（认定）的桑树品种

品种名	选育单位	审定年份	适宜地区	备注
育 151	中国农业科学院蚕业研究所	1989	长江流域	审定
育 237	中国农业科学院蚕业研究所	1989	长江流域	审定
育 2	中国农业科学院蚕业研究所	1989	长江流域	审定
7307	中国农业科学院蚕业研究所	1989	长江流域	审定
璜桑 14	浙江省诸暨璜山农技站	1989	长江流域	审定
选 792	山东省蚕业研究所	1989	黄河流域	审定
伦教 40	广东省农业科学院蚕业研究所	1989	珠江流域	审定
试 11	华南农大蚕桑系	1989	珠江流域	审定
塘 10×伦 109	广东省农业科学院蚕业研究所	1989	珠江流域	审定
吉湖 4	吉林省蚕业研究所	1989	东北地区	审定

续表 11

品种名	选育单位	审定年份	适宜地区	备注
选秋 1	黑龙江省蚕业研究所	1989	东北地区	审定
育 71－1	中国农业科学院蚕业研究所	1995	长江流域、黄河中下游	审定
红星 5	安徽省农业科学院蚕业研究所	1995	长江流域、黄河中下游	审定
湘 7920	湖南省蚕桑研究所	1995	长江流域	审定
薪一圆	浙江省农业科学院蚕桑研究所	1995	长江流域、黄河中下游	审定
北桑 1	四川省北碚蚕种场	1995	长江流域、黄河中下游	审定
实钴 11－6	四川省三台蚕种场	1995	长江流域、黄河中下游	审定
新一之濑	引进品种	1995	长江、黄河流域	审定
嘉陵 16	西南农业大学蚕桑丝绸学院	1998	长江流域	审定
黄鲁选	河北省农业科学院蚕业研究所	1998	黄河流域	审定
7946	山东省农业科学院蚕业研究所	1998	黄河流域	审定
粤桑 2	广东省农业科学院蚕业研究所	1998	珠江流域	审定
川 7637	四川省农业科学院蚕业研究所	1999	长江中上游	审定
农桑 12	浙江省农业科学院蚕桑研究所	2000	长江流域	审定
农桑 14	浙江省农业科学院蚕桑研究所	2000	长江流域	审定
陕桑 305	陕西省蚕桑丝绸研究所	2001	黄河流域	审定
蚕专 4	苏州大学蚕桑学院	2001	长江流域	审定
沙二×伦 109	广东省顺德市农科所	1990	珠江流域	认定
7707	安徽省农业科学院蚕业研究所	1994	安徽池州、宣州、安庆和山东临沂地区	认定
华明桑	安徽省农业科学院蚕业研究所	1994		认定

一、桑树品种在蚕业生产中的意义

多年来，我国在桑蚕生产中选育和推广了许多适合当地的高产、优质、抗病及早熟的新桑品种，充分发挥了良种在生产中的作用。

(一)桑树品种与产叶量的关系

桑树品种的丰产,是指单位面积的产叶量,它与栽培技术密切相关,但在很大程度上取决于品种特性。不过这只是丰产性的一个方面,另一方面就是要具有稳定性。所谓稳定性,是指品种在不良环境条件下的适应能力,如抗病性、抗虫性、耐旱性、耐湿性、抗寒性、抗风力和抗盐碱的能力,以及在不同地区栽植的适应能力。我国幅员辽阔,自然环境复杂,在经过长期的自然选择和人工选择之后,形成了极其丰富的桑树种质资源。由于各地的土壤、气候环境条件各不相同,各地区的桑树品种长期生长在不同的自然条件下,形成了不同的特征特性。因此,与环境条件相适应的优良品种才能获得高产。如浙江的湖桑、四川的嘉定桑、山东的鲁桑、广东的广东桑、山西的格鲁桑、新疆的白桑、辽宁的辽桑等都是具有地区特点的优良品种,许多高产优质的品种都是从中选拔出来的。不同桑品种即使在同一栽培条件下,产叶量也有差异。

(二)桑树品种与蚕茧产量和质量的关系

桑树品种与桑叶的产量和质量有很大关系。不同的桑树品种其化学成分的含量相差很大。一般认为,桑叶化学成分中的粗蛋白质和可溶性糖含量是影响叶片质量的两大重要因素。桑叶中的粗蛋白质主要包括蛋白质、氨基酸、酰胺及少量硝态氮和生物碱。这些物质含量的高低对蚕的影响较大,一般粗蛋白质含量高的桑叶养蚕效果较好。桑叶碳水化合物主要以果胶、纤维素和糖类的形态存在,蚕对果糖、葡萄糖和可溶性还原糖的消化吸收率较高,该类成分高的桑叶营养价值也高。目前,判断桑叶质量主要依靠以下几点。

1. 养蚕成绩 即养蚕饲料效率,通过一定时期给蚕食桑,统计给桑量、食下量、消化量、消化率、全茧量、茧层量等方面,用生物鉴定的方法来判断其质量，不同桑品种养蚕效果差异显著。

2. 桑叶化学成分的测定 通过测定桑叶化学成分及其含量，用化学方法来判断桑叶质量。

(三)桑树品种与蚕种产量和质量的关系

蚕种的产量与质量受蚕品种、桑品种、养蚕制种过程中消毒防病及综合管理措施等多方面因素的影响。用不同种的桑叶饲养原蚕的试验结果表明，由于桑品种叶质不同，对制种量和卵质的影响很大。用优良桑品种的桑叶养原蚕，克蚁制种量可增加12%左右，良卵数增加10%左右，良卵率高2%左右。

(四)桑树品种与桑树综合利用

桑树的综合利用是蚕丝业综合发展的重要内容，包括桑椹的开发利用及桑叶的开发利用两个方面。由桑椹开发的产品主要有桑椹罐头、桑椹饮料、桑椹膏、桑椹酒等。研究表明，不同桑树品种的产果量、桑椹口感等性状有着显著差异，因而其利用价值也不同。桑叶开发的产品主要为桑叶茶，经研究表明，不同品种桑叶中的黄酮类等活性物质含量也有很大差异，这都影响到桑茶的品质。

二、各主要蚕区的桑树生态类型

桑树长期生长在不同的生态环境中，每个地区的典型品种成为相应的生态型。现将各主要蚕区的桑树生态类型分述如下。

(一)珠江流域广东桑类型

本区域是我国南方的主要蚕区，具有热带、亚热带季风性湿润气候。桑树发芽早，发芽期在1月上中旬；发芽率高，一般在80%左右；成熟快，多属早生早熟桑。发条数多，枝条较细而长，一般达

200 厘米以上。枝态直，皮孔多，为 10～15 个/平方厘米，节距 4～5 厘米。叶型小，叶长 15～22 厘米，叶幅 13～19 厘米，叶肉薄，叶色淡绿，花、椹多，再生功能旺、耐剪伐，抗寒性弱，耐湿性强，易受旱害。树形多养成根刈或低干，密植栽培。

(二)太湖流域湖桑类型

本区域以太湖流域为主，包括宁镇以南、杭州湾以北、天目山以东的广大平原，属湿润气候带，温、湿度适宜，积温高，桑树生长期较长。发芽期在 3 月下旬至 4 月上旬，发芽率为 60%～70%；成熟期在 5 月中旬，多属中、晚生桑。发条数中等，枝条粗长，约 170 厘米(夏伐中干桑)，侧枝少，节距 4～5 厘米，节间微曲，皮孔多，为9～17 个/平方厘米。叶型大，叶长 17～25 厘米，叶幅 15～23 厘米，全叶，心脏形居多，叶面缩皱，叶肉较厚，叶质柔软，硬化迟。花和椹较少。成片栽植，养成低、中干桑。湖桑分布于全国各蚕区，是我国栽培数量最多的类型。

(三)四川盆地嘉定桑类型

本区域位于川西平原和川南地区，是暖温带和亚热带气候。发芽期多在 3 月上中旬，发芽率 75%左右；成熟期在 5 月中旬，多属中生中熟桑。发条数较少，枝条粗长，一般达 200 厘米左右(夏伐中干桑)，皮孔多，为 12 个/平方厘米以上，节间直，节距约 5 厘米。叶型大，叶长 18～24 厘米，叶幅 15～22 厘米，全叶、心脏形，叶面平滑，硬化迟，叶质优。花穗较多，椹少。对真菌病抵抗力强，不耐寒。本类型以川南地区栽培最多，其次是川西平原，多栽植于“四边”，养成中、高干桑。

(四)长江中游摘桑类型

本区域主要指安徽南部和湖北、湖南的部分地区，属暖温带季风湿润气候，春秋季较长，冬寒夏热，四季分明。本类型桑树发芽期比湖桑类型早1～3天，发芽率70%左右；成熟期在5月中旬，多属中生中熟桑。发条数少，枝条粗壮，长度150～200厘米（夏伐中干桑），枝态直，侧枝少，节距3.5～4.5厘米，皮孔多，为12～16个/平方厘米。叶形很大，叶长19～30厘米，叶幅17～28厘米，叶面有泡状缩皱，叶片着生下垂，硬化迟。花穗小，椹少。抗寒性较弱。树形高大，多养成乔木式，零星栽植。

（五）黄河下游鲁桑类型

本区域指山东蚕区，亦包括河北省的部分地区，是我国北方主要蚕区。其气候特点是：冬、春季干燥温度低，夏、秋季高温多雨，秋凉早，日照充足。桑树在这种生态环境中生长期较长，桑树发芽期在4月中旬，但开叶后，叶片开放、成熟均较快，发芽率75%左右，多属中生中熟或晚生中熟桑。发条数中等，枝条粗短，一般条长100～150厘米，节间较直，节距3.5～4厘米，皮孔较小，约11个/平方厘米。叶型中等，叶长16～23厘米，叶幅13～20厘米，叶片厚，叶色深绿，硬化较早。叶用品种花、椹小而较少，但有椹多的果用品种。抗寒耐旱性较强，易发生赤锈病。本类型桑树多养成中、高干或乔木。

（六）黄土高原格鲁桑类型

本区域位于内陆，包括山西、陕西省的东北部和甘肃省的东南部，属温带季风干燥气候。本类型与湖桑类型同地栽培，发芽期和成熟期早2～3天。发芽率65%～80%，多属中生中熟桑。发条多，枝条细直，条长150～180厘米（夏伐中干桑），节间直，节距约4厘米，皮孔少，为6～10个/平方厘米。叶型较小，叶长14～21厘米，叶幅11～17厘米，全叶多，裂叶少，卵圆或心脏形，叶色深绿，硬化较早。耐旱性较强，易感黑枯型细菌病。本类型桑树以梯田边栽培最多,养成中干或高干桑。

(七)新疆白桑类型

本区域位于我国西北,属大陆性沙漠气候。本类型与湖桑类型同地栽培,其发芽期比湖桑类型迟2～4天,但开叶后生长快,成熟期比湖桑类型短2～3天,多属晚生中熟桑。发芽率70%左右,发条数多,枝条细长而直,条长150～200厘米(夏伐中干桑),木质硬,节间直,节距4厘米左右,皮孔少,为5～10个/平方厘米,叶型小,叶长13～18厘米,叶幅10～16厘米,叶色深绿,叶背气孔比其他类型少。叶质优良,养蚕成绩较好。花、椹较多,椹多白色、味甜。根系发达,侧根扩展面大,适应风力大、沙暴多和天气干燥的不良环境。多养成乔木式。

(八)东北辽桑类型

本区域在我国东北部,是寒温带的半湿润或半干燥气候。本类型与湖桑类型同地栽培,其发芽期和成熟期均早2～3天,多属中生中熟桑。发芽率高,一般达70%～80%,发条数多,枝条细长,达150～200厘米(春伐中干桑),富有弹性,不易受积雪压断,侧枝多,节间直,节距约4厘米,皮孔少,为5～12个/平方厘米。叶型小,叶长14～21厘米,叶幅10～19厘米,叶色深绿,硬化早。根系发达,入土层深,抗寒性强,易发生褐斑病。本类型多为分散栽植的乔木桑。

三、优良桑树品种的选择

丰富的野生桑树资源,众多的地方品种及人工育成的桑树品种,不仅为开展新品种选育奠定了雄厚的物质基础,同时也使优良桑品种直接用于生产成为可能。作为一个优良桑树品种,必须具备以下几个条件。

(一)遗传性稳定

选择的优良桑树品种应具有一定的形态特征和较好的经济性状,且遗传性能比较稳定,能适应一定的环境条件。

(二)产叶量高

栽桑树的目的是为了收获桑叶,因此,任何优良桑树品种都必须具备产叶量高的特点。丰产品种必须具有生长势旺、发芽数多、枝条长、发芽率高、节间短、叶片大而厚和花果少等丰产性状。

(三)叶 质 好

桑叶品质的好坏,直接影响蚕的生长发育,并通过蚕茧产量的高低和蚕茧的价格,影响蚕农的收益。

(四)抗逆性强

在不良环境中仍能保持较高产量和较好品质的桑树,才算是一个优良桑树品种。选择抗逆性强的桑树品种,也应根据各地的实际情况,有所侧重。如降水量少的地区,宜选择抗旱性能强的桑树品种;北方寒冷地区,应选择抗寒能力强的桑树品种;而盐碱含量较高的地区,则应选择耐盐碱性能强的桑树品种;在病虫害发生比较严重地区,应选择抗病品种。

此外,还应从机械耕作、桑园管理和桑叶收获等方面考虑,选择树形紧凑、枝条细长、粗细适中、卧伏枝少、发芽率高、节间密、叶片硬化迟、不宜脱落的适合现代养蚕新技术的优良桑树品种。

四、各主要蚕区推广品种及其特点

(一)长江流域蚕区的优良桑树品种

1. 育711

(1)来源及分布　本品种是中国农业科学院蚕业研究所从育54号×育2号杂交组合优良单株选育而成,二倍体,分布于江苏、安徽、山东、浙江、江西、河南、湖北、云南、四川等省。

(2)形态特征　树形稍开展,枝条粗长而直,皮青灰色,节间直,节距4.2厘米。叶序2/5或3/8,皮孔较大,圆、椭圆形,6个/平方厘米。冬芽较大,三角形,黄褐色,尖离,副芽小而少。叶心脏形,稍皱,深绿色,叶尖锐头,叶缘钝齿或乳头齿,叶基心形,叶长23厘米,叶幅19厘米,叶片较厚,叶面光滑,光泽强,叶片平伸,叶柄中粗长。雌花,椹较少、中大、紫黑色。

(3)生长特性　产地4月上旬脱苞,4月中旬开叶,5月中旬成熟,属中生中熟品种,发芽率80%,生长芽率15%,秋叶硬化期9月中旬,发条数多且长短均匀,生长势旺,侧枝少,每米条长产叶量春季140克、秋季114克,每千克叶片数春季450片、秋季196片,叶片占条、梢、叶、椹总质量的38%,产叶量高,叶质较优,粗蛋白质23.73%～26.6%,可溶性糖10.4%～11.9%。经养蚕鉴定,万头茧层量春季5.3千克、秋季4.4千克,壮蚕100千克叶产茧量春季6.4千克、秋季6.8千克,制种成绩优于湖桑32号,单蛾产卵数、良卵数和克蚁制种量比湖桑32号分别高2.9%、3.1%和4.5%(全年平均),是丝茧育和种茧育兼优的桑树品种。中抗黄化型萎缩病、黑枯型细菌病,抗旱性强,较耐寒。

(4)栽培要点　宜养成中、低干,早春或秋末适当剪梢有利于春叶增产,肥水充足更能发挥本品种增产潜能。适于长江流域和黄河中、下游地区栽培。

2. 金10

(1)来源及分布　本品种是中国农业科学院蚕业研究所从金龙的自然杂交后代选出的优良单株，经多年多点综合评价培育而成，分布于江苏、山东、云南、江西、四川等省。

(2)形态特征　树形直立，枝条粗长而直，皮青灰色，节间直，节距4.5厘米。叶序2/5或3/8，冬芽三角形，淡褐色，尖离，副芽少。叶心脏形，深绿色，叶尖短尾状，叶缘钝齿，叶基深心形，叶长27厘米，叶幅23厘米，叶肉厚，叶面光滑，微波皱，光泽较强，叶片稍下垂，叶柄粗中长。雄花，花穗较长。

(3)生长特性　发芽期3月30日至4月2日，开叶期4月6日至4月14日，发芽率70%以上，生长芽率27%，成熟期5月上旬初，属中生中熟偏早品种，秋叶硬化期9月上旬，发条力强，每米条长产叶量春季141克、秋季79克，千克叶片数春季472片、秋季164片，叶片占梗叶质量的52%，每667平方米年产叶量2 694千克，比湖桑32号高20%以上，万头茧层量春5千克、秋3.5千克，壮蚕100千克叶产茧量春5.2千克、秋5.2千克，耐寒性、抗旱性较强，抗黑枯型细菌病，中抗污叶病，白粉病。

(4)栽培要点　宜养成低、中干树形，因发芽率高，早春宜轻剪梢或不剪梢，夏肥宜重施，适于长江流域和黄河中、下游地区栽培。

3. 凤尾芽变

(1)来源及分布　本品种是中国农业科学院蚕业研究所桑树资源圃保存的凤尾桑芽变枝条，经繁殖培育鉴定而成，属鲁桑种，二倍体，分布于江苏、山东、安徽等省。

(2)形态特征　树形开展，枝条粗长，稍弯曲，皮青灰色，节间微曲，节距4.2厘米。叶序2/5或3/8，皮孔较大，圆形或椭圆形，11个/厘米平方。冬芽三角形，黄褐色，尖离，副芽小而少。叶心脏形，稍翘扭，叶色翠绿，叶尖锐头，叶缘钝齿或乳头齿，叶基深心形，叶长 24 厘米，叶幅 20 厘米，较厚，叶面光滑，微皱，光泽较强，叶片平伸，叶柄粗长。雌雄同株，花穗少，椹小而少，紫黑色。

（3）生长特性　产地发芽期为 4 月 12～17 日，开叶期为 4 月 17～23 日，发芽率 69%，生长芽率 18%，成熟期 5 月 10～16 日，属晚生中熟品种，秋叶硬化期在 9 月中旬，发条力强，侧枝少，每千克叶片数春季 383 片、秋季 179 片，每米条长产叶量春季 170 克、秋季 130 克，叶片占条、梢、叶、椹总质量的 41%，每 667 平方米年产叶量 2 260 千克，叶质中等。经养蚕鉴定：万头茧层量春季 5.6 千克、秋季 3.7 千克，壮蚕 100 千克叶产茧量春季 5.59 千克、秋季 5.85 千克，与湖桑 32 号的养蚕成绩相仿。中抗黄化型萎缩病，黑枯型细菌病，轻感炭疽病，抗旱，耐寒性较强，适应性广，桑蓟马、红蜘蛛为害轻。

（4）栽培要点　宜养成低、中干树形，发条数多，生长势旺，应多养支干，早春适当剪梢有利于春叶增产，适施夏、秋肥，确保高产稳产，夏伐后适时疏芽，以免枝条粗细不匀，因发芽较迟，宜搭配少量早生品种，以免春叶早采而影响产叶量。适于长江流域和黄河中下游地区栽培。

4. 苏湖 16 号

（1）来源及分布　本品种是中国农业科学院蚕业研究所从江苏省地方品种中筛选出的桑树品种，经多年多点综合评价，是丰产、优质、抗病性较强的综合性状优良的桑树良种，分布于江苏、山东、安徽等省。

（2）形态特征　树形稍开展，枝条粗长较直，皮青灰色，节间微曲，节距 3.9 厘米，皮孔小而多。冬芽三角形，淡褐色，贴生，副芽很少。叶长心脏形，平展，深绿色，叶尖渐尖锐头，叶缘乳头齿，叶基浅心形，叶长 23 厘米，叶幅 17 厘米，叶面光滑微皱，叶柄较粗长。开雌花，椹少、紫黑色。

（3）生长特性　发芽期在 4 月 10 日左右，开叶期在 4 月中旬，成熟期在5月中旬，是晚生晚熟品种，发芽率60%～70%，生长芽率21%，秋叶硬化期在9月下旬，发条力强，生长较均匀，侧枝很少，每千克叶片数春季468片、秋季230片，每米条长产叶量春季117克、秋季119克，叶质柔软，耐贮藏，万头茧层量春季5.5千克、秋季4.3千克，壮蚕100千克叶产茧量春季6.49千克、秋季7.2千克，万头收茧量春季23.3千克、秋季20.2千克，丝茧育叶质鉴定指标均比湖桑32号高5%以上，且春、秋均表现出高饲料价值效应，适应性广，抗黄化型萎缩病，较抗黑枯型细菌病，抗旱，耐寒性较强。

(4)栽培要点　本品种属晚生晚熟品种，应搭配栽植少量早生品种，因生长势旺、发条力强，宜多留支干，早春适当剪梢，有利于春叶增产。适于长江和黄河流域栽培。

5. 丰驰桑

(1)来源及分布　本品种是中国农业科学院蚕业研究所育成的一代杂交组合(中桑5801×育82号)，二倍体，已在江苏、浙江、安徽、河南、湖南、湖北、四川、山东、贵州、广西、福建、广东、江西、陕西等省区推广或试栽。

(2)形态特征　树形稍开展或直立，枝条细条，枝态直立，皮灰褐或青灰色，节间直，节距3.3厘米，叶序2/5。冬芽长三角形，贴生居多，褐色或黄褐色，副芽少。叶卵圆形或心脏形，平展，翠绿色，叶尖短尾状或锐头，叶缘钝齿，叶基截形或浅心形，叶长20厘米，叶幅16.5厘米，叶片较薄，叶面光滑有光泽，微波皱，叶片稍下垂或平伸，叶柄细长。雌雄同株或异株，雌少雄多，椹小、紫红色或紫黑色。

(3)生长特性　产地发芽期在4月上旬，开叶期在4月中旬，成熟期在5月中旬，是中生中熟偏早品种，秋叶硬化期在9月中旬，发芽率70%～75%，生长芽率24%，发条数多，侧枝较少，生长快，每米条长产叶量春季170克、秋季95克，每千克叶片数春季

544片、秋季298片，叶片占条、梢、叶、椹总质量的47%。叶质中等，含粗蛋白质26.26%、可溶性糖12.1%。经养蚕鉴定，万头茧层量春季4.74千克、秋季4.47千克，壮蚕100千克叶产茧量春季7.14千克、秋季8.76千克。中抗黄化型萎缩病、黑枯型细菌病，抗旱、耐寒性中等，耐湿性强。

(4)栽培要点　宜养成低干树形，密植栽培。加强肥水管理，早春或秋末适当剪梢。因发条数多、条直、条长，适于条桑收获。本品种因群系品种，栽植前注意淘汰侧枝多、叶型小的不良个体。适于长江流域栽培。

6. 桐乡青

(1)来源及分布　原产于浙江省桐乡市，二倍体，分布于全国各蚕区，以浙江省栽培最多。

(2)形态特征　树木挺直，枝条粗长而直，上下端粗细差别小，皮青灰色带黄，节间较直，节距4.2厘米，叶序2/5。皮孔灰黄色、小而圆，8个/平方厘米。冬芽长三角形，黄褐色，芽尖贴着枝条，副芽大而多。叶卵圆形，稍呈涡旋形扭转，墨绿色，叶尖锐头，叶缘乳头齿，叶基浅心形，叶长22.8厘米，叶幅18.3厘米，叶厚，叶面光滑无皱，光泽强，叶片稍下垂，叶柄粗长。雌雄同株，雄花穗较少，中长，椹较少、中大、紫黑色。

(3)生长特性　产地发芽期在3月下旬至4月上旬，开叶期在4月中旬，发芽率61.5%，成熟期在5月上旬，是中生中熟品种。秋叶硬化期在9月中旬。发条数中等，侧枝少。每米条长产叶量春季139克、秋季151克，每千克叶片数春季260片、秋季200片，叶片占条、梢、叶、椹总质量的45.4%，每667平方米年产叶量2 300千克。叶质优，含粗蛋白质22%～24.5%，可溶性糖15.1%。经养蚕鉴定，万头茧层量春季5.5千克、秋季3.9千克，壮蚕100千克叶产茧量春季5.8千克、秋季5.9千克，原蚕制种好。抗褐斑病、萎缩型萎缩病较强，抗白粉病、细菌病能力弱。

(4)栽培要点　宜养成低、中干树形，栽植距离可稍密。在缺乏早生桑树时，可作稚蚕用桑树。冬春增施肥料和剪梢，可以提高发芽率。在黑枯细菌病流行地区，应重视防病措施。适于长江流域和黄河下游地区栽植。

7. 湖桑32号

(1)来源及分布　本品种是原江苏省无锡蚕丝试验场初选单株，从1951年开始经中国农业科学院蚕业研究所多年繁殖鉴定，确定为丰产桑树品种。1955年在浙江省杭、嘉、湖等地方桑树品种调查中发现海宁县栽培的尖头荷叶白品种与湖桑32号性状相同，确定原产地为浙江省海宁市，二倍体，分布于全国各大蚕区，以浙江、江苏两省栽培最多。

(2)生长特性　产地发芽期在3月下旬至4月上旬，开叶期在4月中旬，发芽率65%，成熟期在5月上旬至中旬，是晚生晚熟品种。秋叶硬化期在9月下旬。发条力强，侧枝少。每667平方米年产叶量2 300千克。叶质中等，含粗蛋白质23.6%～26.1%，可溶性糖12.3%～15.3%。经养蚕鉴定，万头茧层量春季5.3千克、秋季3.6千克，壮蚕100千克叶产茧量春季5.6千克、秋季5.6千克。中抗萎缩型萎缩病、黑枯型细菌病，易感黄化型萎缩病。抗旱耐寒性中等，适应性广。

(3)栽培要点　宜养成低、中干树形，及时疏芽可减少卧伏枝。在黄化型萎缩病严重发生地区应重视防病措施。适于长江、黄河流域栽植。

8. 川7637

(1)来源及分布　本品种是四川省农业科学院蚕业研究所从中桑5801×6031的一代杂交种子经^{60}Co-γ射线处理后，选出优良单株培育而成，二倍体，分布于四川、云南、重庆等省、市。

(2)形态特征　枝条直立，粗细均匀，节间密，树冠紧凑，发芽率达78%，叶片大而厚。产叶量比对照品种湖桑32高10%以上，桑疫病发病率低5%，秋叶硬化率低8%，但桑产茧量高5%。桑叶叶质分析结果：干物质比对照高0.23%，粗蛋白质含1.05%，19种氨基酸含量高2.61%，碳氮比为1∶2.5。

(3)生长特性　发条数中上，植株生长旺盛，春季新梢生长速度快，秋季3～4年树龄平均条长达2.25米，叶片采摘性能良好，耐贮藏。该品种比对照种湖桑32号的产叶量高15%～19%，万头产茧量高3.28%～19.96%，每千克茧用桑量减少3.2%～16.67%，生产性状良好。

(4)栽培要点　本品种适宜四边及小桑园栽植，在肥水良好地区，更能发挥高产优势。及时中耕除草、排水、防治病虫。可用作丝种茧育壮蚕用桑树。剪伐形式上适用于冬重修培护，也可进行夏伐式剪定。适宜在长江中上游平地、丘陵、山地试栽推广种植。

9. 川826

(1)来源及分布　川826是四川省农业科学院蚕业研究所采用辐射诱变与复合杂交相结合的方法选育出的优良单株培育而成。其母本是通过人工有性杂交种子用射线处理后选出的优良单株，进一步用优良的地方品种作为父本再进行杂交，从中选育出的优质、高产、抗病的新桑树品系。分布于浙江、云南、安徽及四川的三台、蓬安、乐山、广元、内江等地区。

(2)特征及特性　树形直立，枝条开展，发条数多，皮色灰棕色，平均节距3.5厘米，皮孔黄褐色，芽序较乱。冬芽小正三角形，浅红褐色，芽上有对生芽或斜对芽。成叶长椭圆形，叶片下垂，叶肉厚，深绿色，光泽强，叶面光滑，无缩皱，叶尖尾状，叶缘乳齿，叶基深凹，稍有鸡冠状。雌花，桑椹多而大。川826属中生桑树品种，南充市3月上旬转青脱苞，与湖桑32号相近，发芽率45.58%，对照为48.86%；桑叶凋萎速度平均每1小时失水率6.5%，比对照低3.75%，夏伐式修剪生长芽占25.32%，止心芽占74.68%，秋叶硬化迟，发条力强，抗各种桑叶病害。

(3)栽培要点　本品种在肥水良好地区,更能发挥高产优势。及时中耕除草、排水、防治病虫害。适宜在长江中上游平地、丘陵、山地试栽推广种植。

10. 激7681

(1)来源及分布　是四川省农业科学院蚕业研究所采用苍溪49号×育2号的杂交种子,以氮分子激光处理后,从实生苗群体中单株培育而成。分布于四川的平昌、合川、南充等地区。

(2)形态特征　树形开展,皮褐色,皮孔不规则。节距3.5厘米,叶序2/5或1/2。冬芽盾形,红褐色,副芽少。叶椭圆形,叶尖圆头或双头,叶缘乳头齿,叶基浅心形,叶长19.5厘米,叶幅16.2厘米,叶面有光泽,叶柄细长。雄花。

(3)生长特性　产地发芽期在3月15～19日,开叶期在3月20～25日,发芽率75%,成熟期在5月上旬,是中生中熟品种。秋叶硬化期在10月下旬。发条力强,侧枝少。每米条长产叶量春季160克、秋季230克,每千克叶片数春季256片、秋季230片。抗黑枯型细菌病,抗旱性中等。

(4)栽培要点　宜养成中干树形,肥水良好地区,更能发挥高产优势。适于长江流域栽培推广。

11. 嘉陵16号

(1)来源及分布　本品种是西南农业大学从西庆1号×育2号杂交组合后代中选出优良单株培育而成,三倍体,分布于四川、重庆,贵州、新疆、河南等省区。

(2)生长特性　产地发芽期在3月中旬,属早生中熟品种,发芽率80%。该品种属三倍体桑树,生殖不育,故营养生长旺盛,发条力强,产叶量比湖桑32号高19%～23%,叶质优,万头收茧量、万头茧层量、壮蚕100千克桑叶产茧量分别比湖桑32号高14%、13%和16%。桑叶萎凋慢,耐贮藏。抗旱性及抗桑树黑枯型细菌病较强。

(3)栽培要点　适宜于丘陵、海拔 1 000 米以下的山区或平坝的密植桑园或间作桑园栽植，也可用于四边桑木栽植。以养成低干或中干树形为宜，可进行冬季重剪或夏伐收获。采叶勿过度，新梢应留 6～8 片嫩叶。适于西南、西北蚕区和长江流域栽培推广。

12. 嘉陵 20 号

(1)来源及分布　本品种是西南农业大学用化学诱变与人工杂交相结合的染色体工程育成的人工三倍体桑树新品种，分布于四川、重庆、贵州、云南等地区。

(2)生长特性　属中熟高产品种，育成地的发芽期为 3 月上旬，发芽率高，在 85%左右。树形紧凑，枝条直立粗长，1 年生长期枝条可长到 4 米以上，枝条皮色灰白。冬芽饱满，长三角形，芽尖稍歪斜并离开枝条，副芽大而少，2/5 叶序，节距密(3.13 厘米)。每米条长着叶数 32 片，每米条长产叶量 279 克，每千克叶片数 93 片。叶型大，叶肉肥厚，叶色深绿，叶面微皱，光泽强，叶尖锐头，叶基浅心形，叶缘圆锯齿，叶柄粗长(6.3 厘米)。夏秋叶硬化迟，树体休眠迟，枝叶营养器官生长特别旺盛。抗旱性及抗桑细菌性黑枯病能力均较强。

(3)栽培要点　该品种产叶量高、叶质优、桑叶好采摘、耐贮藏、枝叶农艺性状优良，适合平坝、丘陵、山区密植桑园、间作桑园或四边桑栽植。低干或中树型干养成，可进行冬季重剪式或夏伐式采收。栽培中应注意桑瘿蚊和红蜘蛛的防治，加强肥水管理可大幅度提高每公顷桑树产叶量。

13. 农桑 12 号

(1)来源及分布　本品种是浙江省农业科学院蚕桑研究所从北区 1 号×桐乡青杂交后代中优良单株培育而成，二倍体，分布于浙江省及国内部分蚕区。

(2)形态特征　树形直立，树冠紧凑，发条数多，枝条长而直，无侧枝。皮黄褐色，节距 4 厘米，叶序 2/5，皮孔较多，呈小圆形、椭圆形，黄褐色。冬芽长三角形，紧贴枝条，紫褐色，副芽大而多。叶心脏形，深绿色，叶尖短尾状，叶缘乳头齿，叶基浅心形，叶长23.3厘米，叶幅22.7厘米，叶肉较厚，100平方厘米叶重3克，叶面平而光滑，光泽较强，叶片向上斜伸。开雌雄花，花\椹均较少。

(3)生长特性　在杭州栽培，发芽期在3月19～20日，开叶期在3月23日至4月15日，发芽率78.4%，生长芽率27.3%，成熟期在4月28日至5月4日。春季每米条长产叶量139克，每千克叶片数260片，叶片占条、梢 、叶总质量的56%；秋季每米条长产叶量144克，每千克叶片数140片，封顶迟，秋叶硬化迟。大田栽植的桑树黄化型萎缩病和黑枯型细菌病发病率低，抗桑蓟马、红蜘蛛、桑粉虱能力也强。生长势旺，发根容易，扦插成活率高，适应性广。

(4)栽培要点　可适当密植，每667平方米栽800～1 000株较适宜。因属中熟型品种，种植时宜搭配种植一定比例的早熟品种，以利于提早饲养春蚕。栽培时需要充足的肥水，以期充分发挥品种的高产性能。因发芽早，整枝、修拳、剪梢等管理工作宜于12月底前完工。在翌年春季花期遇多雨天气应注意桑椹菌核病的防治，以防止桑树断枝病的发生。适应性广，抗性强，农艺性状优良。适于长江流域、黄河中下游地区栽培推广。

14. 农桑14号

(1)来源及分布　本品种是浙江省农业科学院蚕桑研究所从北区1号×实生桑1号杂交后代中优良单株培育而成，二倍体，分布于浙江省及国内其他部分蚕区。

(2)生长特性　在杭州栽培，发芽期在3月19日～20日，开叶期在3月21日至4月8日，发芽率79.6%，生长芽率28.7%，叶片成熟期在4月25日至5月3日。春季每米条长产叶量159克，每千克叶片数263片，叶片占条、梢、叶总质量的52%；秋季每米条长产叶量178克，每千克叶片数135片，封顶迟，叶片硬化迟，抗桑黄化型萎缩病和黑枯型细菌病力强，抗桑蓟马、红蜘蛛、桑粉虱力也强。

(3)栽培要点　可适当密植,每667平方米栽800～1 000株较适宜。因属中熟型品种,种植时宜搭配种植一定比例的早熟品种,以利于提早饲养春蚕。栽培时需要充足的肥水,以期充分发挥品种的高产性能。因发芽早,整枝、修拳、剪梢等管理工作宜于12月底前完工。适应性广,抗性强,农艺性状优良。适于长江流域、黄河中下游地区栽培推广。

15. 璜桑14号

(1)来源及分布　璜桑14号是诸暨市璜山区农技站从草桑(自然有性杂交的实生桑)中选出的叶型大、叶肉厚、近似嫁接桑的优良单株,经多年培育、固定育成的桑树新品种,分布于浙江、江苏、安徽、湖南、湖北等地。

(2)生长特性　璜桑14号属鲁桑系统中的中熟桑品种。该品种长势旺盛,发条数较多,侧枝少,树形稍开展,枝条粗直而长,发根数较多。枝条皮色青灰带黄。皮孔小而少,呈圆形、椭圆形,黄褐色。冬芽正三角形,副芽少,芽尖稍离开枝条。节间短,叶序3/8,每千克有冬芽32个,春叶长心脏形,叶幅25厘米,秋叶心脏形,叶尖锐尖,叶缘乳头状;叶面光滑,叶色深绿,叶基浅弯入,叶背稍粗糙,叶底平直,叶柄与枝条呈90°角,叶面下垂呈45°。雌雄同株,桑椹少。春叶发芽率在65%左右,发芽期与桐乡青相仿,秋叶硬化迟,全年产叶量高,叶质优良。抗旱耐瘠性能强。

(3)栽培要点　宜养成中、低干树形,早春重剪梢有利于增产。适于长江流域地区栽培推广。

16. 大中华

(1)来源及分布　本品种由浙江省农业科学院蚕桑研究所培育而成,三倍体,分布于浙江省及国内其他部分蚕区。

(2)特征和特性　属晚生晚熟品种。树形高大稍开展,枝条粗长较直,皮色青灰带褐,节距密,约3.2厘米,叶序2/5。冬芽短三角形，较小。叶型大，叶长 23.4 厘米，叶幅 21.3 厘米，浅三裂，叶色深绿，光泽稍暗，叶面粗糙，厚薄中等。成年树偶有雌花。发芽迟（杭州在 3 月底左右），发芽整齐，发芽率在 84%左右，发条数中等，全年产叶量比荷叶白高 13%，秋叶硬化迟。抗桑疫病稍弱于荷叶白。

（3）栽培要点　宜养成中、低干树形，每 667 平方米栽 800 株左右为宜。提供充足肥水，以发挥其优质高产性能。春期推迟收获可提高产量。夏伐后应尽量多留条，秋叶要适时采摘。大风及采叶后要将桑条及时扶正，减少卧伏条。在桑疫病易发地区慎栽。

17. 丰田 2 号

（1）来源及分布　本品种是浙江省农业科学院蚕桑研究所以人工四倍体桐乡青为母本，伦教 109 号为父本，采用人工杂交育种方法选育而成的桑树品种，三倍体，分布于浙江省及国内其他部分蚕区。

（2）生长特性　树形高大稍开展，枝条粗长直立；长势旺盛、均匀，皮青灰色。冬芽正三角形，饱满，黄褐色，贴生或稍离。成熟叶墨绿色、正心形，叶型大而叶肉厚，成年树偶有雄花。早生中熟，春季发芽比荷叶白早 6～8 天，秋叶硬化比荷叶白迟。桑叶易采，适应性较强。田间种植未见桑黄化型萎缩病发生，中抗桑疫病和微型害虫。

（3）栽培要点　宜养成中、低干树形，每 667 平方米栽 800 株左右为宜。提供充足肥水，以发挥其优质高产性能。耐旱性较强，耐湿性中等，春季注意桑园开沟排水。

18. 丰田 5 号

（1）来源及分布　本品种是浙江省农业科学院蚕桑研究所由塔桑×A6 实生加倍培育而成的四倍体桑树品种，三倍体，分布于浙江省及国内其他部分蚕区。

（2）特征和特性　树形矮壮，枝条整齐，皮灰色，节间稍曲，节距密，约 3.6 厘米。冬芽正三角形，紫色，饱满；成林树偶有雄花。成叶阔心形，正绿色，桑叶肥大，25 厘米×24 厘米，100 平方厘米叶重 2.468 克，单叶重 10.7 克，每米条产叶量 235.4 克。产叶量高，增产幅度 30%左右；叶质优，易采摘，等量桑叶万蚕产茧量增约 7%，种茧育可使良孵卵率提高 15%。高抗桑疫病。中生中熟，秋叶硬化迟。

(3)栽培要点　宜养成中、低干树形，每 667 平方米栽 750～800 株为宜。适于长江流域蚕区栽培。

19. 强桑 1 号

(1)来源及分布　本品种由浙江省农业科学院蚕桑研究所培育而成，二倍体，分布于浙江省及国内其他部分蚕区。

(2)生长特性　树形直立，树冠紧凑，枝条粗长稍弯曲，发条数多，侧枝少，叶长心形，叶片平展，秋叶硬化迟。抗桑黄化型萎缩病、桑黑枯型细菌病、桑蓟马、红蜘蛛、桑粉虱较强。

(3)栽培要点　宜养成中、低干树形，每 667 平方米栽 750～800 株为宜。生长势旺，需肥量大，应施足基肥，多施追肥。春季发芽较早，整枝、修拳、剪梢和剪取穗条宜于春节前结束。

(二)珠江流域蚕区的优良桑树品种

1. 沙二×伦 109

(1)来源及分布　本品种是广东省顺德市农业科学研究所选配鉴定的杂交组合，属广东桑种，二倍体，广东各蚕区均有栽培，四川、云南、贵州、广西、福建、湖北、湖南、山东等地区都有引种栽植。

(2)形态特征　树形直立，皮色有褐色和青灰色 2 种，前者为多数。冬芽三角形，褐色，副芽少，尖离。叶心脏形和长心脏形，全叶，叶长 16～21 厘米，叶幅 14～18 厘米，嫩叶淡红色。长心脏形的叶尖长尾状，淡绿色，叶面平滑，稍缩皱；心脏形的叶尖锐头，深绿色，叶面稍粗糙。雄株多，雌株少，椹紫红色或紫黑色。

(3)生长特性　产地发芽早,发芽期在1月中旬,开叶期在1月下旬,发芽率80%以上,生长芽率15%,属早生早熟品种,发条力强,根刈桑早春生长缓慢,待气温上升,新梢方进入旺盛生长期,叶片大,成熟快,发条力强,耐采伐,产叶量比广东桑增产20%左右,比伦教40号增产6.3%,24～27天可采1次叶,叶质中等,叶片硬化迟。易感细菌病、花叶病和青枯病,耐旱,抗寒性较弱。

(4)栽培要点　种子繁殖,宜大小苗分级栽植,分类管理,深耕、厚肥、密植,确保桑苗栽植当年旺盛生长,为持续高产、稳产奠定基础,冬留大树尾(不宜冬刈),夏季提早挫莛,充分发挥本品种多枝多叶的丰产性能。适于珠江流域栽培。

2. 塘10×伦109

(1)来源及分布　本品种是广东省农业科学院蚕业研究所选育的杂交组合,属广东桑种,二倍体,分布于广东省各蚕区,广西、四川、湖北、湖南、河北、贵州、安徽等地区亦有引种栽植。

(2)形态特征　树形直立,枝条细长,节间直,皮色不一,灰褐色居多,节距3.3厘米,叶序2/5。冬芽多数短三角形,少数长三角形,褐色,少数赤褐色,尖离,副芽少或个别有单边副芽。叶心脏形或长心脏形,不裂,翠绿色,嫩叶淡红色,叶尖长尾状,叶缘多数钝齿,叶基深心形,叶面平滑,叶长18厘米,叶幅15厘米,叶片较薄,光泽较弱,叶片平伸或稍下垂。雄株多,雌株少,椹中大,紫色。

(3)生长特性　产地发芽期在1月20～28日,开叶期在2月2～21日,发芽率80%,生长芽率15%,是早生早熟品种。发条力强,侧枝多,耐采伐,再生力强,产叶量比广东桑增产20%左右。叶质中等,粗蛋白质21.6%～26%,可溶性糖6.76%～7.53%,万头茧层量3.75千克,壮蚕100千克叶产茧量7.13千克。抗黑枯型细菌病,对花叶病、青枯病抵抗力较弱,耐寒性较弱,耐湿性强。

(4)栽培要点　种子繁殖,宜大小苗分级栽植,分类管理,深耕、厚肥、密植,确保桑苗栽植当年旺盛生长,为持续高产、稳产奠定基础。冬留大树尾,夏季提早挫莛,充分发挥本品种多枝多叶的丰产性能。适于珠江流域栽培。

3. 粤桑2号

(1)来源及分布　本品种是广东省农业科学院蚕业研究所选育的杂交组合,属广东桑种,三倍体,分布于广东省各蚕区,广西、湖南、湖北等地区亦有引种栽植。

(2)形态特征　树形稍开展,枝条直,发条数多,皮褐色,节距5厘米,叶序2/5。叶心脏形或卵形,叶色深绿,叶面光泽强,叶肉厚,100平方厘米叶重2.13克,叶缘乳头状,叶基浅凹或平截,叶柄短,叶片向上斜生。皮孔圆形或卵圆形,4.5个/平方厘米。冬芽三角形,灰褐色,副芽少,发芽早,嫩梢淡紫色。

(3)生长特性　该品种为早生早熟三倍体杂优组合,用种子繁殖,群体整齐度较好,发芽早,生长整齐,发条数多,叶片多且大,叶色深绿,叶肉厚,单叶较重,产叶量高,叶质优良,抗青枯病较强。

(4)栽培要点　宜在肥水条件较好的平原地区栽植,珠江流域种植密度以每667平方米栽4 000～6 000株为宜,长江流域以每667平方米栽2 000～2 500株为宜。叶宜适熟偏嫩收获,养蚕成绩较好,每20～25天可采1次叶,收获条桑每40天左右可剪伐1次。下半年要加强保水保肥,以促进桑树旺盛生长。冬留大树尾可减少花叶病。可在珠江流域、长江流域栽培推广。

4. 桂桑优12

(1)来源及分布　本品种是广西壮族自治区蚕业推广总站选育的沙二×7722杂交组合,已在广西等地推广。

(2)形态特征　树形高大,枝条细长而直,皮色青灰褐色,节距3.7厘米,叶序1/3,皮孔较圆、较小、中密。冬芽长三角形或正三角形,芽色灰棕,贴生尖离,有副芽但不多。叶长心脏形,全叶,极少裂叶,叶色深绿,较平展,叶缘乳头齿,中等大小,叶面光滑无皱,光泽较强,多为向上斜生,叶柄较细短,叶基直线至浅心形,叶片大而厚，叶长 25.6 厘米，叶幅 20.1 厘米，100 平方厘米叶重 2.25 克。新梢顶端芽及幼叶色多为淡棕绿。雌雄花均有。

(3)生长特性　发条较多，生长势旺，长叶较快，再生能力强，耐剪伐，适应性强。有较明显的冬眠期，在南宁市冬芽萌芽时间为 12 月下旬至翌年 1 月上旬。该品种生长期长，如水肥充足，植株长叶可到 11 月底才盲顶收造。

(4)栽培要点　适宜密植，每 667 平方米栽 5 000～7 000 株；冬伐宜留长枝(留下半年生枝条高 40～60 厘米)，促进冬芽早生快长、多枝多叶，还可防治花叶病，提高产量和叶质。片叶及条桑收获均可，条桑收获时要保持桑园肥水充足。桑园要增施有机肥并及时追肥，促进枝繁叶茂，发挥丰产性能。

(三)黄河流域蚕区的优良桑树品种

1. 选 792

(1)来源及分布　本品种是山东省蚕业研究所从梨叶大桑中选出的变异单株，经多年培育鉴定而成，二倍体，分布于山东省各蚕区，江苏、四川、河北、河南、山西、陕西、宁夏等地区也有栽培。

(2)生长特性　产地发芽期在 4 月中下旬，开叶期在 5 月上旬，脱苞比湖桑 32 号晚 2 天，开叶比湖桑 32 号晚 1 天，但开叶后生长成熟快，发芽率 73%，生长芽率 15%以上，成熟期在 5 月中旬，属晚生中熟品种，秋叶硬化期 9 月上旬末。发条力强，侧枝少，生长势旺，每米条长产叶量春季 112 克、秋季 138 克，每千克叶片数春季 410 片、秋季 190 片。春季梗叶比率为 46%，叶质较优，万头茧层量、万头收茧量比湖桑 32 号提高 5%左右，壮蚕 100 千克叶产茧量比湖桑 32 号高 10%左右，中抗黄化型萎缩病，抗寒、耐旱。

(3)栽培要点　加强肥水管理尤其增施秋肥可有效地发挥丰产特性。本品种枝条直立，树冠小，宜密植养成低干树形，夏伐后发芽稍晚，应加强对桑象虫的防治。适于黄河流域栽培。

2. 7946

(1)来源及分布　本品种是山东省蚕业研究所从湖桑32号×黑鲁桑杂交后代的优良单株选育而成，二倍体，分布于山东等北方蚕区。

(2)形态特征　树形稍开展，枝条粗细中等，直而长，皮暗褐色，节间较直，节距3.8厘米，叶序2/5。冬芽正三角形，赤褐色，贴生于枝条，副芽少。叶卵圆形，深绿色，叶尖短尾状，叶缘乳头齿，叶基浅心形，叶长23厘米，叶幅22厘米，叶片较厚，叶面光滑。开雌花，椹少。

(3)生长特性　发芽期比湖桑32号早1天左右，成熟期早2天左右，是中生中熟桑树品种。发芽率77.32%，生长芽率20.98%，发条力强，生长快，产叶量高，叶质较优。抗寒、抗旱、抗风力强。

(4)栽培要点　栽植密度以1.5万～2.5万株/公顷为宜。春季发芽率高，故春季剪梢不宜太重，以1/5～1/4为宜，并增施春肥，施用量应占全年量的35%～40%。应加强对桑疫病的防治。可在黄河流域栽培推广。

3. 黄鲁选

(1)来源及分布　本品种是河北省农林科学院蚕桑研究所从邢台县西口村采集的优良单株，经多年、多点鉴定和综合评价培育而成，二倍体，分布于河北、山西、山东等省。

(2)形态特征　树形开展，枝条粗而直，较长，皮青黄色，节距3.5厘米，皮孔小而多。冬芽小，三角形，芽尖贴着枝条生，棕黄色，无副芽。叶长椭圆形，翠绿色，叶长28.6厘米，叶幅21厘米，叶尖短尾，叶缘大乳头齿，叶基心形，叶面光滑有缩皱，叶柄粗长，未见花、椹。

(3)生长特性　在承德地区栽培，4月底至5月初发芽，开叶期在5月6～20日(1～5片叶)，成熟期在6月上旬，是中生中熟品种。发条数中等,发芽率75%以上,生长旺盛,叶质柔软,秋叶硬化迟。叶片大而厚,叶质优,是春、秋兼用品种。抗寒性强,适应性广。

(4)栽培要点　枝条粗壮,发条力中等,每667平方米适宜栽800～1 000株。由于其发芽率高,宜春季或秋季施足有机肥,并注意防治桑疫病,方可丰产。宜低干、中干养成,实行隔年春、夏轮伐。适宜华北及黄河中下游栽植。

4. 陕桑305

(1)来源及分布　本品种是陕西省蚕桑丝绸研究所以日本二倍体桑品种新一之濑为材料,采用诱变技术育成含3X细胞的混倍体,再经定向分离育成,分布于陕西、甘肃、宁夏、山东等北方蚕区。

(2)生长特性　在陕西省周至地区栽培,发芽期在4月1日前后,开叶期在4月中旬,发芽率79.2%,成熟期在5月上旬,属晚生中熟桑树品种。秋叶硬化期在9月中旬。发条数中等,生长势强。抗寒性较强,适应性广。木质较疏松,易伏条。

(3)栽培要点　栽植不宜过密,每667平方米栽1 000株左右。中、低干养成,留足支干。春剪梢不超过条长的1/5,并重施春肥。发条后适时疏芽,使枝条分布均匀,夏、秋肥分2～3次施入。小蚕用叶应比一般桑树品种降低1～2个叶位采摘。夏季和早秋采叶宜"间隔采叶",并适当增加收获次数,做到壮条多采,弱条少采,促使枝条健壮整齐,以减少黄落叶和卧伏枝。

5. 吴堡桑

(1)来源及分布　本品种是陕西省吴堡县地方品种,分布于陕北、陇东及晋西北等地,以吴堡、绥德和榆林县栽培较多。

(2)形态特征　树形稍开展,枝条中粗长而直,皮棕褐色;节间直或微曲,节距3.5厘米,叶序3/8,皮孔7个/平方厘米。冬芽三角形,紫褐色,贴生,副芽小而少。叶卵圆形,全、裂叶混生,裂叶都为二裂,深绿色,叶尖锐头或短尾状,叶缘钝或乳头齿,叶基浅心形，叶长19.1厘米，叶幅14.6厘米，叶面光滑稍波皱，光泽较强，叶片平伸，叶柄细短。雄花，花穗多，中长。

(3)生长特性　在陕西省关中地区栽培，发芽期在3月20日至4月5日，开叶期在4月5～8日，发芽率83%，生长芽率26%，叶片成熟期在5月5～11日，属早生中熟品种，秋叶硬化期在9月中旬。中抗黑枯型细菌病和萎缩病，抗旱、耐寒性强。

(4)栽培要点　宜养成小乔木，用留芽法或留枝疏芽法收获。适于黄土高原地区栽植。

(四)其他蚕区的优良桑树品种

1. 和田白桑

(1)来源及分布　本品种是新疆和田蚕桑研究所从洛浦县玉龙喀什镇经单株选拔后定向培育的新疆地方优良桑树品种，三倍体，主要分布于新疆地区。

(2)形态特征　和田白桑品种的树形开展，枝条细长，发条数多，有卧伏枝。皮棕褐色，皮孔椭圆形，节距5厘米，叶序2/5。冬芽三角形，褐色，贴生，有的芽尖呈歪斜状，副芽较大而多。叶心脏形，圆、裂叶混生，裂叶缺刻深浅中等，缺刻1～10.5，裂叶居多，平展，深绿色，叶尖短尾状，叶缘钝锯齿，叶基深心形，叶长12.6厘米，叶幅11.6厘米。叶面光滑无皱纹，光泽较弱，叶片稍下垂，叶柄细长。开雌花，椹多、玉白色、味甜。

(3)生长特性　在新疆和田栽培，发芽期在4月13～16日，开叶期在4月17～22日，发芽率82%，生长芽率21%，叶片成熟期在5月10～15日，属中生中熟品种，秋叶硬化期在9月上旬。耐干旱、瘠薄，抗风沙和耐寒。

(4)栽培要点　本品种发条数多，叶片中等，应注意疏芽，适时整枝剪梢以增大叶片，提高叶质。适宜条桑育和春蚕期全龄用桑，秋季因叶片硬化较早，对壮蚕饲育有影响，应加强水肥管理，延迟叶片硬化期。适宜新疆干旱地区栽植，桑园和农毛渠可密植或中干栽植。

2. 辽桑1号

(1)来源及分布　本品种是辽宁省蚕业研究所从山东省滕县引进的嫁接苗木中选出的单株培育而成，二倍体，分布于辽宁省西部、东部和南部各蚕区，吉林、黑龙江等地区亦有少量栽培。

(2)形态特征　树形稍开展，枝条粗长较直，皮棕褐色，节间直，节距3.2厘米，叶序3/8，皮孔圆、椭圆形，为7个/平方厘米。冬芽三角形，棕色，副芽少。叶长心脏形，较平展，翠绿色，叶尖锐头，叶缘乳头齿，叶基近截形，叶长21.07厘米，叶幅15.84厘米，较厚，叶面光滑无皱，光泽较强，叶片稍下垂，叶柄粗长。雄花，花穗短而多。

(3)生长特性　原产地发芽期在5月6～20日，开叶期在5月23～28日，发芽率90%，生长芽率12%，成熟期在6月16～20日，是中生中熟品种。秋叶硬化期在8月下旬。发条力中等，侧枝少。夏、秋季每米条长产叶量85克，每千克叶片数272片，叶片占条、梢、叶总质量的48.2%，每667平方米年产叶量780千克。叶质中等，含粗蛋白质26.05%，可溶性糖10.18%。经养蚕鉴定，万头茧层量4.6千克，壮蚕每100千克桑产茧量5.81千克。叶片萎凋慢，耐贮藏。中抗黑枯型、缩叶型细菌病，中感褐斑病。抗旱、耐寒性强。

(4)栽培要点　宜养成低、中干树形和密植栽培，不宜连年夏伐，秋季用叶宜早。适合东北、华北地区栽培。

3. 吉湖4号

(1)来源及分布　本品种是吉林省蚕业科学研究所从吉九×湖桑2号杂交后代单株中选育而成，二倍体，分布于吉林蚕区。

(2)形态特征　树形稍开展，枝条中粗，长而直，皮灰褐色，节间直，节距4.2厘米，叶序2/5，皮孔多为小圆形、20个/平方厘米。

冬芽三角形，褐色，贴生或尖离，副芽较少。叶长心脏形或卵圆形，全、裂叶混生，较平展，深绿色，叶尖双头或短尾状，叶缘乳头齿或钝齿，叶基深心形，叶长 18 厘米，叶幅 15 厘米，较薄，叶面光滑微皱，光泽较强，叶片稍下垂，叶柄细长。雌雄同株，雄花穗短而少。椹长而少，紫黑色。

(3)生长特性　原产地发芽期在 5 月 10～16 日，开叶期在 5 月 20～30 日，发芽率 80%，发芽势整齐，生长芽率 15%，止心芽长，着叶数多，每芽 4～6 片，成熟期在 6 月中旬，是中生中熟品种。秋叶硬化期在 9 月上旬。发条力强，幼树侧枝较多。每米条长产叶量春季 125 克 、秋季 87 克，每千克叶片数春季 600 片、秋季 300 片，每 667 平方米年产叶量 800 千克。叶质优，含粗蛋白质 26.9%，可溶性糖 13.8%。经养蚕鉴定，万头茧层量 5.09 千克，壮蚕每 100 千克桑产茧量 4.74 千克。抗胴枯病，中抗褐斑病、黑枯型细菌病，中感黄化型萎缩病。耐寒、抗旱性中等。

(4)栽培要点　宜养成低、中干树形，适当密植，可做条桑收获。适于东北、华北蚕区栽培。

4. 选秋 1 号

(1)来源及分布　本品种是黑龙江省蚕业研究所从该省蚕桑试验场桑园中选出的优良单株培育而成，属白桑种，二倍体，分布于该省明水、望奎、拜泉等县。

(2)形态特征　树形稍开展，枝条细长而直，侧枝较“秋雨”稍多，皮赤褐色，节间直，节距 4.6 厘米，叶序 2/5。冬芽三角形或盾形，暗棕色，副芽少，枝条木质坚实。叶心脏形，叶尖锐头或短尾状，叶缘钝齿，叶基深心形，叶长 16 厘米，叶幅 12 厘米，深绿色，叶面平滑。光泽强，叶柄细，中长，平伸，雌雄同株，雌花多于雄花，椹较少、紫黑色。

(3)生长特性　产地发芽期在 5 月 15 日前后，开叶期在 5 月 24 日前后，较秋雨提前 2 天，发芽率 75%，生长芽率 15%，成熟期在6月中旬，是中生中熟品种，产叶量比当家品种秋雨高15%～31%，秋叶硬化期在8月下旬。发条力强，侧枝多，叶质优于秋雨，抗寒，在高寒地栽培，其枯梢率仅为秋雨的一半左右，无日灼病发生(秋雨日灼病发病率高达100%)，适于高寒地区栽培，是目前栽培良种抗寒性较强的品种。

(4)栽培要点　秋叶硬化早，故养蚕时间不宜过晚，增施氮肥可改善秋季叶质。适于东北地区栽培。

5. 向海桑1号

(1)来源及分布　本品种是吉林省白城市林业科学研究院从分布于吉林省西部科尔沁沙地的蒙桑资源中选育而成，主要分布于该省白城地区。

(2)形态特征　树形稍开展，枝条细长而直，侧枝少且短，皮褐色，节间直。叶片长三角形，边缘具钝锯齿，有芒，异形叶，一般萌枝上叶片多裂叶，叶片深绿色，较厚，硬化较早，有光泽。顶芽不明显，叶芽三角状锐尖，节间距为4厘米。花芽圆形，多为复芽，雄性，葇荑花序长1.5厘米，雄花4雄蕊，花丝长0.1～0.2厘米，花药4裂。

(3)生长特性　原产地发芽期在5月8～15日，开叶期在5月15～25日，成熟期在6月中旬，是中生中熟品种，秋叶硬化期在9月中旬。产叶量高，单株产量达630.86克，迟硬化率86.2%，养蚕成绩与其他桑树栽培品种相似。测定表明，叶片中粗蛋白质含量16.87%、粗脂肪含量4.34%、灰分含量8.78%、干物质含量38%。除粗蛋白质含量外，其他营养成分均相当于或高于对照桑品种秋雨。对桑赤锈病的感病率最低，仅5%；龙桑1号、秋雨次之，均为10%；油匠铛铛、铁耙桑、樛桑、吉湖4号最重，分别为58%、28%、20%、15%。抗寒，适于高寒地区栽培，是目前国内最抗寒的品种。

(4)栽培要点　秋叶硬化较早，故养蚕时间不宜过晚，增施氮肥可改善秋季叶质，适于在干旱、寒冷地区栽培。

五、果用桑树品种及其栽培管理

桑椹，因其营养丰富且具有防病保健功能，卫生部早在 1993 年就将其列入既是食品又是药品的名单之中。作为药品，它性味甘、酸、凉，可滋补肝肾，养血祛风，安神养心，延缓衰老。主治耳聋、目昏、须发早白、神经衰弱、血虚便秘、风湿关节痛、失眠健忘、身体虚弱等症状。作为食品，桑椹酸甜可口，风味别致。对桑椹营养成分进行分析，结果发现桑椹不仅含有 Lys、Glu、His 等 16 种氨基酸，含有维生素 B_1、维生素 B_2、维生素 B_3、维生素 B_5、维生素 B_6、维生素 C、维生素 E 等多种维生素及柠檬酸、苹果酸、酒石酸、琥珀酸等有机酸，还含有铁、钙等矿质元素及胡萝卜素、纤维素、果胶等。目前，利用桑椹为原料已成功开发出桑椹汁、桑椹酒及桑椹膏等，因此，果桑品种的开发和利用是一新型产业，前景广阔。

（一）果桑品种简介

我国开展果桑品种选拔的时间较晚，主要是从地方品种中选拔的具有果用价值的品种，但成效还是较为显著的，先后选出了一大批果用品种。近年来，中国农业科学院蚕业研究所等单位已开始利用人工杂交进行果桑品种的选育研究，旨在选育出具有产果量高、口感好、对菌核病抗性强等性状的优良果桑品种，现已取得较大进展。目前，生产上推广的一些果用桑树品种性状如下。

1. 红果 1 号　树形直立紧凑，枝条粗长，节间较密，叶片大，花芽率高，单芽果数 7～10 个，且多集中于冬芽，果长 2.5 厘米，果径 1.3 厘米，圆筒形，单果重 2.5 克左右，紫黑色，果汁多，果味酸甜。5 月上中旬开始成熟，成熟期 20～30 天。每 667 平方米产桑椹 1 500～2 000 千克，产桑叶 1 500 千克左右。适应性强，是一个高产型果叶兼用及加工用品种。

2. 红果 2 号 树形直立，枝条细长而直，叶片较大，花芽率高，单芽果数 6～8 个，果长 3～3.5 厘米，果径 1.2～1.3 厘米，长筒形，单果重 3 克左右，紫黑色，果味酸甜爽口，果汁鲜艳，含总糖 14.8%，总酸 0.79%。5 月上中旬成熟，成熟期 3 天以上。每 667 平方米产桑椹 1 500 千克，产桑叶 1 500 千克左右。抗病性较好，适应性强，是一个果叶兼用及加工用品种。

3. 红果 3 号 树形紧凑，枝条粗直，节间密，叶片大而厚，花芽率高，单芽果数 6～8 个，果长 3.5～4 厘米，果径 1.5～2 厘米，长筒形，单果重 4～6 克，最大 12 克，紫黑色，果味酸甜爽口，果汁多。5 月上中旬成熟，成熟期 20 天左右。每 667 平方米产桑椹 1 000～1 200 千克，产桑叶 1 200 千克左右。抗性强，是一个大果型果用品种。

4. 红果 4 号 树形直立，枝条粗直，节间极密，叶片大而肥厚。结果多在小枝和弱枝上，果长 2～2.5 厘米 ，果径 1.2～1.5 厘米，椭圆形，单果重 2.5 克左右，紫黑色，果味酸甜适口。5 月上中旬成熟，成熟期 30 天左右，果皮较厚，耐贮、耐运性能较好。每 667 平方米产桑椹 1 000 千克左右，产桑叶 2 000～2 500 千克。抗性较强，是一个叶果两用型品种。

5. 大 10 三倍体品种，南方适宜栽培。树形开展，枝条细直，叶较大，花芽率高，单芽果数 5～6 个，果长 3～3.5 厘米，果径 1.2～1.5 厘米，单果重 3～5 克，紫黑色，无籽，果汁丰富，果味酸甜清爽，含总糖 14.87%，总酸 0.82%。5 月上旬成熟，成熟期 30 天以上。每 667 平方米产桑椹 1 000～1 500 千克，产桑叶 1 500 千克左右。抗病性较强，抗旱耐寒性较差，果叶兼用。

6. 白玉王 树形开展，枝条细直，叶较小，花芽率高，果长 3.5～4 厘米，果径 1.5 厘米左右，长筒形，单果重4～5 克，最大 10 克，果色乳白色，汁多，甜味浓，含糖量高。5 月中下旬成熟，成熟期30天左右。每667平方米产桑椹1 000千克左右，产桑叶1 500千克。适应性强，抗旱耐寒，是一个大果型叶果兼用品种。

7. 8632杂交品种　树形略开展，枝条略粗而直，下垂枝少，叶片较大。花芽率极高，单芽果数4～5个，果长4.5～5厘米，果径1.8～2.2厘米，长筒形，单果重6～8克，最大15克，桑椹多而特大，紫黑色。5月中旬成熟，成熟期20天左右。每667平方米产桑椹1 500～2 500千克，产桑叶1 600千克左右。该品种抗旱、耐寒，抗病性、抗逆性强，产量高、品质优，是较理想的果叶两用桑。

（二）果桑丰产栽培技术

1. 园地选择　建立果桑园要选择光照充足、排灌方便、地下水位低、土质肥沃的砂壤土。此外，以出售鲜果为目的的果桑园，建立时还必须考虑要靠近大城市、旅游区或交通方便的地区。

2. 良种选择　果桑栽培以鲜果出售为目的，应以果型较大、产果量高、口味佳、抗性强的优质果用桑树品种。且品种的选择要与当地的气候条件相适应。

3. 建园标准　每667平方米一般栽500棵左右，行距1.6～2米，株距0.65～0.8米为宜。冬春皆可栽植。栽植时，开好定植沟，沟深50厘米，宽60厘米，沟底铺一层厚20厘米左右的稻草，上覆厚10厘米左右表土，表土上再施猪粪等有机肥、复合肥，然后回填。定植时将苗木放于填平的定植沟内，并将根系理顺使其向四周伸展，然后培土踏实，根据土壤墒情适量浇水。第一年苗木定植后，桑树发芽前离地面20～30厘米高处剪伐定干，当年培养成2～4根枝干；第二年6月份在果叶收获后，离地面50厘米左右高处剪定，发芽后每支留2～3个生长芽；第三年离地面60厘米左右高处剪伐，每株养成3～6拳，根据栽种密度可考虑养成2层枝干或3层枝干。如果水肥条件好，苗木粗壮，可采用一年2次摘心快速成园的方法，即在发芽前离地面30厘米高处剪伐定干后，留2～

4个壮芽,当新梢长到10～15厘米长时开始摘心,摘心后每枝再发2～3个新梢,当年即可养成树形,每株留条数可达到6～15根。

4. 桑园管理

(1)土壤管理　果桑园土壤除要适时施入肥料之外,冬季要深耕,生长季节要浅耕松土和锄草,干旱时要及时灌水,雨涝时要注意排水。桑园杂草与桑树争养分、水分,造成病虫滋生蔓延,所以应随时结合土壤管理消灭杂草,使桑园土壤疏松无杂草,保证桑树正常生长。

(2)定型修剪　定型修剪使桑树有一定的枝条数并分布均匀,对不同类型的桑树要区别对待。选留健壮枝,剪掉病、残、弱枝,应去弱留强、去差留好,保证侧枝生长,使枝干分布合理,发育均匀,发挥群体优势。果用桑以产果为主,冬季可不剪梢。定型修剪后要加强桑树园的肥水管理。

(3)剪梢　其目的是促进花果发育生长,提高桑椹产量和品质,并可减少病虫害的发生。具体方法是:冬季剪去条长的1/5～1/4。

(4)抹芽摘心　2年生以上的投产树,抹芽时间一般在3月中下旬,抹除主干上萌发的不定芽及结果母枝基部的弱小芽。当枝条顶部有6片新叶左右时摘心,留4摘5。中下部生长缓慢一般不需摘心。摘心时间在4月中下旬,此时有利于营养生长转入果实生长,增强阳光照射,提高果实品质。

(5)疏花及疏果　目的是控制花果数量,提高桑椹的产量和品质。具体方法是:在桑树盛花后期,摘掉过多、过密处的部分雌花或发育不良的雌花。

在桑树幼果期,摘掉过多、过密处的部分幼果或发育不良的幼果,以促进保留桑椹的营养供给,提高桑椹的商品性状和品质。

5. 桑椹园的施肥　与普通桑相比,果叶两用桑木更应注重施肥质量,强调氮、磷、钾配合施用,多施有机肥、绿肥和钾肥,秋季避免偏施氮肥。春芽伸展前，深翻绿肥或一次性施入高氮有机肥，每667平方米再混施过磷酸钙30千克、氯化钾20千克；开花时追施饼肥，每667平方米60千克，以增加桑椹的风味与甜度；夏伐后，可一次性或多次施用有机肥，以促发更多新枝并增加节数。施肥方法：穴施，2株1穴，深10厘米，适用于无机肥追施；沟施，在距植株40厘米处开浅沟，适用于施用有机肥、栏肥及饼肥；撒施，全畦撒泼，适用于有机液肥及夏肥的施用。

6. 病虫害防治　病虫害防治与普通桑树大体相同，唯产果桑树以防治桑椹菌核病(桑白果病)为重点。防治方法是：在开花初期至盛果期每隔3～4天可用50%多菌灵溶液或70%甲基托布津1000倍液喷施，要求喷匀；应及时清除病椹，深埋土中；重视改善田间通风条件，避免田间积水。害虫有天牛、金龟子和野蚕等，在生长期可用低毒无公害的农药喷洒。

7. 及时采收　一般桑椹于5月上旬成熟，当桑椹刚刚由红变黑，且晶莹明亮时表明桑椹已成熟，应及时于清晨采收。注意轻拿轻放，不要碰破表皮，可先用小塑料盒包装，再装入纸箱，一般每箱重10～15千克，运往市场销售或及时加工处理。

思考题

1. 各主要蚕区的桑树生态类型有几种，其特点是什么？

2. 优良桑木品种如何选择？

3. 掌握自身所在地区生产推广优良桑树品种的特征特性及栽培技术要点。

4. 果桑丰产栽培技术有哪些？

第九章　桑树病虫害防治

桑树病虫的发生与危害，严重制约着高优蚕业的可持续发展。桑树病虫害种类较多，根据各种桑病虫危害的重要性和危险性，一般将桑黄化型萎缩病、桑萎缩型萎缩病、桑花叶型萎缩病、桑疫病、桑紫蚊羽病、桑赤锈病、桑炭疽病、南方根结线虫病及野蚕、桑蝗、桑尺蠖、桑螟、桑橙瘿蚊、桑毛虫、桑白蚧、桑蓟马、桑象虫、桑天牛、黄星天牛和朱砂叶螨等20余种病虫害列为重点防治对象。其中桑黄化型萎缩病、桑萎缩型萎缩病、桑花叶型萎缩病、南方根结线虫病和桑蝗为危险性种苗传染性病虫害，已是国家或省、区检疫对象。

桑树病虫害防治是指对危害桑树的病原及昆虫采取预防和除治的措施。根据病原及害虫生物学特性及其发生和消长规律，采用生物、化学、物理等方法，围绕“预防为主，综合防治”的方针，及时进行有效防治，以控制病虫危害，确保桑园丰产丰收。

桑树病虫害防治学是人类在长期养蚕实践过程中建立和发展起来的一门应用专业学科，并随农业昆虫学、植物病理学、农药学等相关学科发展而逐步完善和更新。

一、桑园病虫害的预测预报

（一）建立预测预报机构

蚕桑生产达到一定规模的县（市），要建立相应的桑园病虫害测报站及测报网络。

(二)预测方法

县(市)级桑园病虫害测报站，每年要组织1～2次对本辖区内桑园灾害性病虫害的专项调查工作，每3年要普查1次，对常见、暴发和难防治的桑树病虫害要进行动态监测。

预测内容包括发生期与发生量预测2方面内容。根据各病原、害虫的生活习性及生态特点，运用期距、虫蛹分级、有效积温、相关回归分析和经验公式等方法，结合运用相应的数学模型与当时的气象资料，开展预测预报。主要包括：发生期预报(包括病虫发生始、盛、末期)、发生量预报(包括虫害有虫株率、虫口密度，病害感病指数、感病株率)、发生范围预报(包括发生面积、发生地点)、危害程度预报(以轻、中、重三级表示)等。

1. 取样调查　在一个县(市)范围内，一般应建立3～5个有代表性的测报点；每个测报点选取有代表性的桑园，采取五点式、对角线式、隔行跳跃式方法取样；一块桑园选定3～5个重复，每个重复抽查2～5株桑树，调查桑树总株数在20株以上。

根据各种害虫的生活习性和生态特点、各种病害的病原物生物学特性和侵染循环规律，采取相应的调查方法。

2. 统计与计算　根据桑树病情、虫情的年发生、发展规律和近期野外调查的信息，结合影响桑树病虫种群数量变动的主要因子的未来变化情况，采取多种比较、分析、选择的方法，对其发生动态作出科学、准确的预测。

虫体较大的(如鳞翅目害虫)，一般以株为单位调查；小型叶部害虫(如桑蓟马)，一般以叶片为单位调查；桑瘿蚊越冬虫口以每平方分米(深15厘米)为单位来调查，桑瘿蚊幼虫，以芽为调查单位。以各点加权平均法计算各田块害虫数量。病害一般以株为单位，计算被害百分率。

二、防治指标与防治适期

(一)防治指标

1. 指标的确定 桑树病虫害防治指标的确定，一般先是通过对调查对象的室内饲养或培养观察，测定平均危害量及经济损失，调查研究当地天敌等自然控制因素，特别是优势种天敌对其抑制效应的测定；在田间划分小区选取不同的危害密度，观察记载其桑叶产量损失和品质下降情况，最后计算经济损失并联系防治成本进行统计分析，求出防治指标数值。

2. 防治对象的确定 综合各测报点对病虫发生量的预测，数量达到防治指标的病虫，即为需要防治的对象。

3. 预警 当预报的某种病虫害近期将暴发、面积有可能在50公顷以上时，应及时发布警报。

4. 蚕种场防治指标要求 蚕种场，特别是原种场桑园，因防治工作的需要，在实际工作中，防治指标应适当低一些。

桑树部分病虫害的防治指标如表13。

表13 桑树部分病虫害防治指标

病虫害名称	防治指标
桑蓟马	200头/桑条；或第三至第六叶位，平均有虫≥25头/叶
朱砂叶螨	株受害率≥20%，或100头/叶
桑白蚧	株受害率≥15%，或雌蚧壳≥60个/米条长

(二)防治适期

根据预测预报的病虫生长发育进度(害虫还可以结合黑光灯、性诱测结果)，将预测得出的害虫孵化高峰期、病害发生盛期作为防治适期，并经主管部门批准及时编发桑园病虫害预测预报报告，提出合理的防治意见，向基层发布，指导蚕农组织实施。

一般情况下，对于桑树害虫，以鳞翅目害虫孵化达 50%、桑蓟马成虫与若虫比例为 1：3、鞘翅目害虫已开始出现为害作为防治适期。

续表 13

病虫害名称	防治指标
野　蚕	1000～2000 头/667 $米^2$
桑　螨	1500～3000 头/667 $米^2$
桑毛虫	800～1000 头/667 $米^2$
桑尺蠖	1000～2000 头/667 $米^2$
桑　螟	1600～3000 头/667 $米^2$
桑天牛	株受害率≥10%、条受害率≥30%，成虫≥50 头/667 $米^2$
桑萎缩病	株受害率≥2%，菱纹叶蝉虫口 ≥1000 头/667 $米^2$
桑褐斑病	受害叶片≥20%
备　注	桑大象虫、桑象虫和其他天牛类害虫，适当参照桑天牛防治指标

三、桑树病虫害的防治方法

虽然桑树病虫害的防治方法中，化学防治是最有效、最直接、最常用的方法，但为了对桑树病虫害的长效和安全的可持续控制，必须在防治过程中，以综合防治为主，实行多种防治方法的有效结合。

（一）联合防治

联合防治，是指在防治环节、防治区域范围及防治管理部门指导下所采取规模较大的一种统一行动。主要有以下 3 种。

1. 检疫 桑树病虫害检疫，是植物病虫害检疫的一部分。通过立法，对桑树(苗)流通和交流过程中危险性病虫害进行强制性检测，对检测出的目标危险性桑树病原体或害虫，实行有效的隔离并彻底消灭，以防止此类有害生物的扩散。

除了国家和省区级植物检疫法规外，对桑树苗木、穗条和种子等调运过程中的具体检疫方法，有相应的专业标准。

2. 培育无病虫桑苗 建立无桑黄化型萎缩病、青枯病、紫纹羽病、根结线虫病、桑橙瘿蚊、桑蟥、美国白蛾等检疫性病虫苗圃，一旦发现立即挖除烧毁。

3. 统一防治 对一些传播快、发生量大的病虫害，在一个较大的范围内，采取统一措施进行防治，如桑瘿蚊，可以几个村、几个乡、甚至于几个县联合起来，统一时期、同一用药。

(二)农业防治

农业防治是指在桑树栽培管理措施中，有目的地强化不利于桑树病虫害发生的环境因子，达到控制桑树病虫害的发生与发展的目的。农业防治与生态防治有许多交叉之处，也是一种最经济有效、对养蚕和环境最为安全的防治方法。

1. 伐条与修剪 合理修剪与伐条对控制许多桑树病虫害的发生非常有效。春蚕大批用叶后立即夏伐，可以破坏桑螟、桑蓟马、桑毛虫、朱砂叶螨等害虫的快速繁殖条件；也可使桑疫病、桑赤锈病的发展受到阻遏；同时夏伐还可以消灭部分越冬桑蟥、野蚕等虫卵。冬季可剪梢、剪枝、修枯桩，将带有病虫的残叶与枝、梢、桩集中烧毁，可以减少桑树枝干病虫害及部分在枝干上越冬的其他桑树害虫。

2. 冬翻夏耕 桑树落叶后冬翻，深度 15～25 厘米；夏伐后夏耕，深度 10～15 厘米。冻、晒表土层害虫使之暴露以供其天敌捕食。

3. 加强肥水管理 增施有机质肥料，配合使用氮、磷、钾肥；

四沟配套，能灌能排。以增强树势，提高树体抗病虫能力。

4. 合理采摘秋叶　适时合理地采摘桑叶，在提高桑叶利用率的同时，可以降低一些桑树病虫害的发生程度，如能降低桑树炭疽病、污叶病的发生。早秋用叶应该留枝条着叶数的一半，中、晚秋采叶要留有梢端的4～6叶位上的叶，以维持桑树的正常生长，积蓄养分、增强树势。

（三）生态防治

生态防治，是针对桑树病虫害的发生生态环境，有目的、有策略地采用一些生态方法，来控制病虫害的发生与发展。

1. 生物防治　利用和保护天敌生物，也可人工释放。

2. 选栽抗病、抗虫性强的品种　针对本地区常见多发病虫，选栽合适的桑树品种，如桑黄化型萎缩病发生地区选栽湖桑199号、湖桑7号、育2号；桑蓟马等微体害虫较多的地区，选栽育71—1等桑树品种。

3. 嵌栽桑树品种　一个地区的桑园格局，在桑树品种上，采用一些抗病虫性有差异的桑树优良品种，提倡栽培桑树品种多态性，增强病虫害天敌的多样性。

4. 性诱集　利用异性活虫或活体腹部末端浸渍液或应用人工合成的性信息素，诱集或迷惑杀虫，减少雌成虫受精概率。

（四）物理防治

物理防治是指针对某个具体病虫害而采取的非生物因素来进行的防治方法。与化学防治的不同之处在于，对环境影响很小，甚至于没有影响。常用的有人工捕杀、诱杀、冬季树干涂白。

1. 人工捕杀　人工捕捉体型较大或达不到防治指标田块的害虫，摘除具群集性为害的幼虫或卵块。

2. 食饵、灯光诱集或诱杀　利用桑虫的趋食、趋化、趋光性，用毒饵或灯光下置水容器诱杀。

3. 束草与解束 在秋末养蚕结束后，在桑树的中上端用稻草(束草)捆树枝于一起，使一些越冬害虫钻入其中，到翌年开春时，解下这些稻草，集中烧毁。

4. 树干涂白 冬季对桑树枝干用石灰水(石灰1千克，水3～4升，食盐适量)涂刷，对许多桑树病虫害有较好的抑制作用。如对桑干枯病，在感染前对树干涂白，可以防止伤口积水和病菌的再侵染，并能增强增生愈伤组织。

(五)化学防治

1. 药剂处理 蚕桑生产地区的技术推广部门，应根据当地实际情况，制定包括用药品种、用药量、用药次数、对天敌的影响及农药的轮用、混用等桑园有害生物防治策略，以保证施药质量，达到经济高效、养蚕安全、对人畜和环境副作用小、并有利于有害生物抗性综合治理等目的。具体防治时，应根据有害生物，特别是病虫害预测预报结果，选用有针对性的药剂进行防治。蚕期用药，还应选择残毒期短的药剂品种，并划出稚蚕专用桑园，分片防治，确保安全采用桑叶。

桑园常见病虫害化学防治选用的农药及其使用方法见表14。

表14 桑园常见病虫害防治方法

分 类	病虫害名称	药剂与浓度(用量)	使用方法
双翅目	桑瘿蚊	5%甲基异硫磷颗粒剂或5%唑硫磷颗粒剂(120～150g有效成分/667米^2)	拌细土40～50千克均撒桑园地表后淋湿地表
	桑叶瘿蚊	40%乐果乳油1000倍液，或80%敌敌畏乳油1000倍液，或40%辛硫磷乳油1500倍液	每代卵盛孵期，喷嫩梢芽叶

续表 14

分　类	病虫害名称	药剂与浓度(用量)	使用方法
缨翅目	桑蓟马	40%乐果乳剂油 1000 倍液，或 80%敌敌畏乳油 1000 倍液，或 20%灭多威乳油 2000 倍液，或 48%毒死蜱乳油 2000 倍液	在若虫盛孵期前 1～2 天，常规喷雾
同翅目	菱纹叶蝉	50%乐果＋80%敌敌畏各 1000 倍液	常规喷雾
	桑　虱	20%灭多威乳油 2000 倍液，或 20%亚胺硫磷乳油 1000 倍液，或机油乳剂 40 倍液(夏伐前后)	常规喷雾
	桑粉虱		常规喷雾
	桑白蚧		涂　干 涂　干
鳞翅目	毛虫类 野　蚕 桑　螟 桑　蟥 刺蛾类 桑尺蠖 艾枝尺蠖 斜纹夜蛾	60%双效磷乳油 1500 倍液，或 90%敌百虫晶体 1500 倍液，或 80%敌敌畏乳油 1000 倍液，或 20%亚胺硫磷乳油 1000 倍液，或 48%毒死蜱乳油 1500 倍液，或 40%辛硫磷乳油 1000 倍液	常规喷雾
	桑蛀虫	50%杀螟硫磷乳油 50 倍液	涂　干
鞘翅目	天牛类	50%杀螟硫磷乳油 50 倍液，或 50%稻丰散乳油 200 倍液	涂　干
		磷化铝(锌)毒签	毒签插入新鲜的排泄孔中
	象虫类 桑梢小蠹虫 叶甲类 金龟子类	50%杀螟硫磷乳油 1000 倍液，或 80%敌敌畏乳油 1000 倍液，或 60%双效磷乳油 1500 倍液，或 48%毒死蜱乳油 1500 倍液	常规喷雾
半翅目	绿盲蝽	80%敌敌畏乳油 1000 倍液，或 60%敌马乳油 1500 倍液	常规喷雾

续表 14

分　类	病虫害名称	药剂与浓度(用量)	使用方法
蜱螨目	螨　类	20%三氯杀螨醇乳油 2000 倍液,或 73%克螨特乳油 3000 倍液,或 5%尼索朗乳剂 2000 倍液,或 15%哒螨酮乳油 1500 倍液	常规喷雾
植原体	桑黄化型萎缩病 桑萎缩型萎缩病	土霉素 2000μg /L 土霉素 200～500μg /L 四环素 2000μg /L	浸苗根 3 小时 连续喷雾树体 2～3 次 浸苗根 3 小时
病　毒	桑花叶型萎缩病	硫脲嘧啶 100 单位(1g 硫脲嘧啶粉溶于 40 毫升氨水中,再对水 10 升)	春季或夏伐后桑芽萌发刚显现病症时,喷 1 次;隔 10 天再喷 1 次
细　菌	桑疫病	0.5%～0.8%波尔多液农用链霉素 100 单位液铜铵液 0.1%(50 克硫酸铜＋450ml 氨水＋50l 水)农用链霉素 100 单位液	在苗地发现病苗,拔除烧毁后喷布苗地　病害发生初期及时喷药,隔 1 周再喷雾,连续 1～2 次
	桑青枯病	福尔马林液 2%～4%有效氯制剂液 0.1%	土壤消毒,淋湿至湿润
真　菌	桑里白粉病	石硫合剂 4～5 波美度 50%硫黄胶悬剂 500 倍液 40%·硫胶悬剂 800 倍液 70%甲基硫菌灵可湿性粉剂 1000 倍液 50%硫菌灵可湿性粉剂 1000 倍液,或 50%苯菌灵可湿性粉剂 1500 倍液,或 50%托布津可湿性粉剂 500 倍液,或 70%甲基托布津 1000 倍液	冬季喷树干、枝条 发病初期,隔 10～15 天喷雾 1 次,连喷 2 次

续表 14

分　类	病虫害名称	药剂与浓度(用量)	使用方法
真　菌	桑褐斑病	50%甲基硫菌灵悬浮剂900倍液,或70%托布津可湿性粉剂1000倍液,或50%苯菌灵可湿性粉剂1500倍液	发现20%～30%叶片上有2～3个芝麻粒大小斑点时喷雾,隔10～15天1次,防治2～3次
		0.6%～0.7%波尔多液	秋蚕结束后全面喷雾桑园,1～2次
		4～5波美度石灰硫黄合剂	春季桑树发芽前全面喷枝干,1～2次
真　菌	桑赤锈病	25%三唑酮可湿性粉剂1000倍液,或40%拌种灵可湿性粉剂300倍液,或45%代森铵水剂1000倍液	于始见期,喷雾新梢,隔1周再喷1次
	桑芽枯病	4～5波美度石灰硫黄合剂	喷雾桑树干
	桑菌核病	70%甲基托布津1000倍液,或50%多菌灵500倍液,或50%乙基托布津800倍液	开花期喷用,隔1周再喷1次

2. 桑园用药的残毒期　应依照不同药剂的残毒期和目标病虫害的防治适期,适时用药,以确保养蚕用叶安全。桑园常用治虫药剂对家蚕的残毒期见表15。

表15　桑园常用病虫害防治药剂对家蚕的叶部残毒期

残毒期(天)	农药种类及用药剂量
0	0.2～0.3波美度石硫合剂;20型洗衣粉200倍液;磷化铝(锌)毒签;一些涂剂及土壤用药(在桑树上无内吸和不触及桑叶)
3	40%辛硫磷乳油1500倍液;40%乐果1000倍液
4	40%辛硫磷乳油1000倍液
5	80%敌敌畏乳油1500倍液;80%敌敌畏乳油1000倍液+40%辛硫磷乳油1500倍
6	80%敌敌畏乳油1000倍液

续表 15

残毒期(天)	农药种类及用药剂量
7	2.5%鱼藤酮乳油 800 倍液(高温暴晒时);15%哒螨灵可湿性粉剂(乳油)3000 倍液
8	60%敌马合剂(双效磷)乳油 1500 倍液
9	20%亚胺硫磷乳油 1500 倍液;5%尼索朗乳油 2000 倍液
10	20%灭多威乳油 2500 倍液;73%克螨特(炔螨特)乳油 3000 倍液
11	20%亚胺硫磷乳油 1000 倍液
12	20%灭多威乳油 1500 倍液
13	石硫合剂 20 倍液;20%亚胺硫磷乳油 500～800 倍液
14	50%杀螟硫磷乳油 1000 倍液(夏伐)
16	90%敌百虫晶体 1500 倍液
17	50%杀螟硫磷乳油 1000 倍液
18	48%毒死蜱乳油 1000～1500 倍液
19	90%敌百虫晶体 1000 倍液
20	50%杀螟硫磷乳油 1000 倍液
21	2.5%鱼藤酮乳油 800 倍液(低温多雨时)
100	合成菊酯类
备　注	以上残毒期只是参考数字,残毒期的长短还与气候、使用方法、厂家的加工工艺有关,具体以实测为准

3. 桑园用药药效的生物检测　桑园用药药效的生物检测,包括对靶标的防治效果、对桑树的药害及对家蚕安全性的检测 3 个方面。

(1)田间防治效果的测定　根据防治目的或送检要求确定试验对象。测定适期原则上和病虫危害时期一致。桑树部分害虫药效测定虫态及测定适期,见表 16。

表 16　桑树部分害虫药效测定虫态及测定适期的选择

害虫名称	学　名	测定虫态	测定适期
桑尺蠖	*Phthonandria atrineata*	幼虫	三龄以上幼虫
斜纹夜蛾	*Prodenia litura fa*	幼虫	四龄左右
桑　螟	*Diaphania pyloalis*	幼虫	在二龄期左右
桑　蟥	*Rondotia menciana*	幼虫	卵孵化高峰期后 3～5 天
黄叶虫	*Mimastra cyanura*	成虫	为害期
褐金龟子	*Holotrichia parallela*	成虫	为害期
桑象虫	*Baris deplanata*	成虫	桑树伐条后 3～7 天
桑白蚧	*Pseudaulacaspis pentagona*	成虫,若虫	为害期
桑粉虱	*Bemisia myricae*	幼虫、成虫	为害期
朱砂叶螨	*Tetranychus cinnabarinus*	成螨、若螨	为害期
桑蓟马	*Pseudodendrothrips mori*	成虫、若虫	为害期
备　注	试验桑树宜选择主栽品种,兼顾正在推广的优良品种,记录桑树品种名称		

选择有代表性的桑园进行试验,所有试验小区的栽培条件(土壤类型、肥料、耕作、株行距)须均匀一致,且符合当地科学的农业实践(GAP)。试验药剂应注明药剂的商品名/代号、中文名、通用名、剂型、含量和生产厂家。试验药剂处理不少于 3 个剂量,或依据试验委托方与试验承担方签订的试验协议规定的用药剂量。

对照药剂须是已登记注册并在实践中证明对靶标有较好药效的产品。对照药剂的类型和作用方式,应同试验药剂相近并使用当地常用剂量,特殊情况可视试验目的而定。试验药剂、对照药剂和空白对照(清水)的小区处理采用随机区组排列,特殊情况须加以说明。每小区应有 6 行桑树,每行不少于 3 株桑树,小区四周不得少于 2 米宽的保护地带,重复数设 4 个。

选用生产常用的器械,宜使用高容量机动喷雾器,也可使用背负式鼓风弥雾机。记录所使用器械类型和操作条件(操作压力、喷孔口径)的全部资料。施药应保证药量准确、分布均匀。用药量偏差超过±10%要记录。施药时间、次数及使用剂量和容量,按协议要求及标签说明进行。对年发生1代(或少于1代)的,在害虫发生高峰期,施药1次;对年发生多代的害虫,一般施药2次,即春、夏秋季各一次。记录每次施药日期与剂量。

施用药液中有效成分含量表示为mg/kg或mg/L(毫克/千克或毫克/升),按规定浓度配制后施用。喷雾防治时,同时要记录用药稀释倍数。实验药剂应和对照药剂分开使用,并对使用小区进行均一处理,使两种药剂的相互干扰控制在最小限度。记录每个药剂施用的准确数据。

试验期间,应从试验地或最近的气象站获得降雨(降雨类型、日降水量以毫米表示)和温度(日平均温度、最高和最低温度,以摄氏度表示)等资料。整个试验期间影响试验结果的恶劣气候因素,如严重或长期干旱、连续阴雨或暴雨、冰雹等均须记录,并记录土壤类型、地形,土壤肥力、灌溉条件、桑园间作和杂草等土壤覆盖物等资料。

每一小区,桑芽害虫类选取20个枝条(或桑拳)、嚼食性桑叶害虫类选取20个枝条、吸食性桑叶害虫类选取(标记)不同方向与叶位上的20片叶,统计活虫数。病害按病情大小可分为0级、1级、2级、3级、4级。以叶片为单位的可以按照下列方法进行分级,无病叶为0级,叶面病斑面积占总叶面积的百分比小于25%的为1级,25%～49%的为2级,50%～74%的为3级,大于75%的为4级。以条、株为单位的,可以适当参照叶片的分级办法确定。

施药后至少调查3次,间隔期可按药剂的作用方式和持效期决定。第一次调查在施药后1～2天进行,以后每次间隔2～4天。

桑树虫害,药效按①、②两式计算,病害可以参照③、④两式计算。

$$虫口减退率(\%)=(1-PT_i/PT_0)\times 100 \quad ①$$

式中　　PT_0——处理前处理区虫数(基数)

PT_i 药剂——处理后第 i 次调查的处理区活虫数

$$防治效果(\%)=\frac{防治区虫口减退率-对照区虫口减退率}{100-对照区虫口减退率}\times 100 \quad ②$$

$$防治效果(\%)=\left(1-\frac{CK_0\ 病指数\times pt_1\ 病指数}{CK_1\ 病指数\times pt_0\ 病指数}\right)\times 100 \quad ③$$

$$病情指数=\frac{\sum(病级叶数\times 相对病级数)}{调查总叶数\times 最重病级数}\times 100 \quad ④$$

$$发病率(或病株率、病条率、烂头率)(\%)=\frac{病苗(株、条、烂头)数}{检查苗(株、条、头)总数}\times 100 \quad ⑤$$

(2)药剂对桑树的药害测定　药剂对桑树的药害分急性和慢性 2 类。急性药害症状明显，如在桑叶上轻者表现为黄化和褪绿；重者表现为叶斑、枯焦、卷叶、畸形与硬化；严重者表现为桑叶穿孔或脱落。慢性药害，如影响桑树的生理活动，表现为生长缓慢、产量降低与叶质变劣。

试验药剂处理可以在测定防治效果时，同时观察并记录药害情况，也可以单独进行，但处理时期和方法与推荐的用药要相一致，并记录药害的类型和程度。试验药剂处理不少于 3 个剂量(依次为推荐最高浓度的 1 倍、1.25 倍和 2 倍)，每剂量重复 4 次，春季与夏秋季各进行 1 次。并要设清水为空白对照。

用下列方式记录药害，如果药害能计数或测量，要优先采用绝对数值表示，如树高、条长、发芽率、千克叶片数及脱落芽(叶)数等。其他可按下列 2 种方法估计药害的程度和频率。

① 药害分级方法

－：无药害；

＋：轻度药害，不影响桑树正常生长；

＋＋：中度药害，可复原，不会明显造成桑叶减产及品质降低；

＋＋＋：重度药害，影响作物正常生长，对桑树产量和质量造成一定程度的损失；

＋＋＋＋：严重药害，桑树生长受阻，桑树产量和质量损失严重。

②对照比较：将药剂处理区与空白对照区比较，评价其药害百分率。同时要准确描述作物的药害症状，如矮化、褪绿、焦叶、畸形和脱落芽(叶)数等。

测定结果评价用药的标准是：绝对数值或药害百分率比对照是否超过10％以上；是否有重度药害以上。

若春季与夏秋季只有一季有以上情况之一，则此季节该药不能在桑树上应用；若春季与夏秋季都有以上情况之一，则该药不能在桑树上应用

(3)药剂对家蚕安全性测定　药剂对家蚕安全性用残毒期(安全间隔期)来衡量。根据实际需要分3级测定。Ⅰ级为急性毒性测定；Ⅱ级为药剂对丝茧育即对家蚕当代安全性测定，简称为当期安全性测定；Ⅲ级为药剂对种茧育即对家蚕下一代卵期及幼虫期的安全性测定，简称为下代安全性测定。

Ⅰ级、Ⅱ级测定针对当地大面积推广使用的现行蚕品种的一代杂交种；Ⅲ级测定针对当地大面积推广使用的现行蚕品种的中、日系原种。

室外喷药应在栽培与生态条件一致的或相近的桑园里进行，小区面积为20～30株桑树(各小区间至少要留2行保护行)；重复次数为3次。处理浓度为治虫的推荐浓度或依据试验委托方与试验承担方签订的试验协议规定的用药剂量，空白对照为清水。

室内养蚕试验小区，Ⅰ级测定为50头，Ⅱ级测定为200头，Ⅲ级测定为一个蛾区，重复均为4次。分别采用喷过药的桑叶与喷清水对照的桑叶喂养。常规一日三回育。

依据桑药使用说明书标示的残毒期或试验委托方与试验承担

方签订的试验协议规定的残毒期为判别基准。

根据试验的基准残毒期天数，蚕种后 2 批与前批相隔 1 天出库催青，共三个批次，确保第一批的蚕在 3 龄起蚕时正好能吃上刚达到基准残毒期后第一天的桑叶，以后每天采对应处理区的桑叶喂蚕，观察并记录致死情况与死亡症状，直至没有出现急性致死之日为止。这之间相隔的天数即为急性致死残毒期天数(Ⅰ级测定)。

Ⅱ级测定按要求用喷药叶对供试家蚕正常饲养，调查并记录五龄发育的经过、全茧量、茧层量、茧层率、结茧率、死笼茧数、计算出虫蛹统一生命率，并统计分析与对照(清水)没有显著性差异的最短天数，即为药剂对家蚕幼虫的当期安全残毒期。

在Ⅱ级测定的残毒期天数后的第一、第三、第五天，分 3 批用喷药叶喂养原蚕，至上蔟结茧，常规制种；随即采用人工孵化法，进行催青，然后用清水叶饲养，调查并记录原种单蛾产卵数、单蛾良卵数、孵化率和饲养成绩。并进行统计分析与对照(清水)没有显著差异的最短天数，即为药剂对家蚕下代安全残毒期。

必要时，Ⅱ～Ⅲ级测定还要同时进行丝质鉴定。丝质鉴定的各项指标经统计分析与对照没有显著性差异的最短天数，为相应的准确残毒期。

检测判别基准与所测的残毒期相差的天数达到以下各规定的，判别为合格。

检测判别基准为 0～7 天(含 7 天)的，检测判别基准与所测的残毒期相差的天数为 0 天；检测判别基准为 7～14 天(含 14 天)的，检测判别基准与所测的残毒期相差的天数为 1 天；检测判别基准为 14～30 天(含 30 天)的，检测判别基准与所测的残毒期相差的天数为 2 天；检测判别基准大于 30 天的，检测判别基准与所测的残毒期相差的天数为 3 天。

4. 蚕中毒事故的预防

(1)农药品种选择与残毒期计算　根据害虫发生的特点，正确选择农药品种。选定用药品种后，正确计算该农药相应使用浓度的残毒期，适当提前用药。

(2)农药质量　农药的有效成分含量与杂质含量要符合国家有关标准。严禁使用过期、失效和变质等不合格的农药品种。

所选择的农药品种，用药前要进行小面积的试用，试用达标后方能大面积推广应用，并且都要与供应商签订有关用药质量与责任方面的协议。

(3)用药　桑园施药所需的喷雾器、胶管、药水桶或罐等，应做到专用。用药前需用碱性洗衣粉清洗用药器械，然后再用清水清洗。

施药前要按操作规程正确操作配制药液，确保用药人员的安全，不污染邻近的桑园与作物。若不慎发生人畜中毒，要按标签上的救护方法及时救护。用药后，立即洗净用药器械，清洗操作人员的暴露部位及衣物。

(4)田间管理　用药后要对桑园进行合理的管理，用叶前要采叶进行试养。

(5)其他　农田、森林、卫生和治蝗等用药，其他有毒物的废品处理和有毒物品用后的包装处理，都应在确保对家蚕与桑园安全的前提下进行。

(六)部分桑园病虫害防治年历

各地要及时总结全年的桑园有害生物防治经验，形成防治年历，供以后参考、完善。部分桑园病虫害防治年历参见表17。

思考题

1. 简述农药残毒期和持效期的区别及在生产中的应用。
2. 简述桑园病虫害的预测预报及综合防治方法。

表 17　桑园病虫害防治年历

季　节	防治对象	防治适期	农药品种	备　注
春　季（3～5月份）	桑象虫、桑尺蠖、桑虱、桑毛虫	4月上旬	毒死蜱、敌百虫、乙酰甲胺磷、敌马合剂（双效磷）	上年秋季结束后未治虫的，早春须防治
	桑赤锈病	4月上旬	三唑酮、拌种灵	
	菱纹叶蝉、绿盲蝽	4月上旬	乐果＋敌敌畏	兼治其他害虫
	野蚕、桑螟、叶甲类	5月份	敌敌畏、辛硫磷	划片喷药或人工捕捉
夏　季（6～7月份）	桑大象虫	成虫发生期	乙酰甲胺磷、毒死蜱、敌敌畏＋辛硫磷、杀螟硫磷	人工捕捉
	桑象虫	夏伐后（3～4天）		兼治其他害虫
	桑白蚧	夏伐后（1～4天）	洗衣粉、机油乳剂	发芽前喷或涂干
	毛虫类害虫	6月下旬	敌马合剂（双效磷）、灭多威	兼治其他害虫
秋　季（8～9月份）	真菌病类	8～9月份	多菌灵、托布津	
	桑橙瘿蚊	7月中旬	甲基异柳磷、喹硫磷、辛硫磷	拌细土在桑园土表撒施
		8～9月份	乐果、灭多威、敌敌畏	喷顶芽
	桑蓟马	蚕期间隙	乐果、毒死蜱	喷叶片背面
	红蜘蛛、其他螨类		三氯杀螨醇、克螨特、哒螨灵、尼索朗	
	天牛类害虫 桑大象虫	7～10月份	毒签	捕捉成虫、刺杀幼虫卵粒

续表 17

季节	防治对象	防治适期	农药品种	备注
秋季 (8～9月份)	毛虫类(桑毛虫、桑尺蠖、桑螟、野蚕、桑蟥、斜纹夜蛾、艾尺蠖、黄毛虫、白毛虫等)	夏蚕上山后 8月中下旬 10月中旬	敌马合剂(双效磷)、灭多威、亚胺硫磷、敌敌畏、乙酰甲胺磷、毒死蜱、亚胺硫磷、敌杀死	9月下旬采野蚕茧,人工捕捉幼虫或采摘群集幼虫或虫卵叶片,秋蚕用叶后治好"关门虫"减少越冬虫口基数
冬季 (11～2月份)	1. 束草诱杀桑毛虫、桑尺蠖、桑螟、桑蓟马等越冬虫 2. 重剪梢减少菱纹叶蝉卵 3. 刮野蚕、桑蟥卵 4. 修剪枯枝枯桩,杀灭桑象虫越冬成虫 5. 填塞树缝裂隙治桑螟 6. 冬耕冻杀桑橙瘿蚊休眠体、叶甲、毛虫蛹等 7. 清扫蚕室,集杀桑螟幼虫 8. 毒签刺杀天牛类害虫 9. 冬耕,破坏地下害虫越冬场所 10. 修树、清园 11. 树体用20%石灰浆(加1份硫黄)涂白			
备注	此表主要适合长江中下游蚕区,其他地区可参考			